U0516267

BLUE BOOK

智 库 成 果 出 版 与 传 播 平 台

大数据应用蓝皮书

BLUE BOOK OF BIG DATA APPLICATIONS

中国大数据应用发展报告

No.8（2024）

ANNUAL REPORT ON DEVELOPMENT OF
BIG DATA APPLICATIONS IN CHINA No.8 (2024)

组织编写／中国管理科学学会大数据管理专委会
主　　编／陈军君
副 主 编／吴红星　张晓波　端木凌

社会科学文献出版社
SOCIAL SCIENCES ACADEMIC PRESS（CHINA）

图书在版编目（CIP）数据

中国大数据应用发展报告 . No.8，2024／陈军君主编；吴红星，张晓波，端木凌副主编 . --北京：社会科学文献出版社，2024.12. --（大数据应用蓝皮书）.

ISBN 978-7-5228-4754-2

Ⅰ. TP274

中国国家版本馆 CIP 数据核字第 2024896U70 号

大数据应用蓝皮书

中国大数据应用发展报告 No.8（2024）

主　　编／陈军君

副 主 编／吴红星　张晓波　端木凌

出 版 人／冀祥德
组稿编辑／祝得彬
责任编辑／刘学谦
责任印制／王京美

出　　　版／社会科学文献出版社·文化传媒分社　（010）59367004
　　　　　　地址：北京市北三环中路甲 29 号院华龙大厦　邮编：100029
　　　　　　网址：www. ssap. com. cn
发　　　行／社会科学文献出版社　（010）59367028
印　　　装／三河市东方印刷有限公司

规　　　格／开　本：787mm×1092mm　1/16
　　　　　　印　张：16.75　字　数：247 千字
版　　　次／2024 年 12 月第 1 版　2024 年 12 月第 1 次印刷
书　　　号／ISBN 978-7-5228-4754-2
定　　　价／128.00 元

读者服务电话：4008918866

大数据应用蓝皮书专家委员会

（按姓氏首字母排序）

大数据应用蓝皮书编委会

（按姓氏首字母排序）

主要编撰者简介

向锦武　北京航空航天大学教授，博士生导师，无人系统研究院总设计师，兼任北京航空航天大学校学术委员会副主任、智能无人飞行系统先进技术工信部重点实验室主任、中国管理科学学会会长。长期从事无人机系统项目工程管理、设计技术研究与型号研制工作。先后获国家、省部级科技进步奖10项，以第一完成人获国家科技进步一等奖2项；获国务院政府特殊津贴、何梁何利创新奖；入选国家百千万人才工程，获授权国家发明专利50余项；发表论文200余篇。于2019年11月22日当选中国工程院院士。

朱宗尧　贵州省大数据发展管理局党组书记、局长，省政府副秘书长（兼），管理学博士，教授级工程师，曾任上海市人民政府办公厅副主任，上海市大数据中心党委书记、主任，上海数据集团有限公司总裁、党委副书记等。

胡　蓉　芜湖市大数据建设投资运营有限公司党支部书记、董事长，理学博士，中国科学技术大学电子科学与技术博士后，研究方向为大数据治理、数据融合分析与应用、数字经济、人工智能。

卢晓凯　安徽省优质采科技发展有限责任公司总经理、高级工程师，安徽省计算机学会常务理事、安徽省工业互联网协会秘书长、安徽省电子商务协会副会长，参编多项行业标准、取得多项国家发明专利，长期致力于企业智慧供应链领域、工业互联网领域的研究与实战，已成功为上百家大中型工业制造业企业提供数字化转型、升级的落地解决方案。

唐　栋　展湾科技 CEO 和创始人，上海市杨浦区青年企业家协会会员，福布斯-杨浦创新创业人物、上海市杨浦区科技创业人才，在工业物联网、大数据平台、场景化算法和应用领域深耕多年，带领公司设计开发"低代码""工具化"的工业互联网平台创新产品及解决方案，打造了玻璃、汽车零部件、新能源材料、矿冶等多个行业的头部客户成功案例。

吴大有　博士，有数咨询及有数科技总经理，国际数据管理高级研究院发起单位负责人，全球数据要素五十人论坛发起人，国际数据管理协会中华区（DAMA China）理事成员，亚太人工智能学会（AAIA）数据资产管理分会理事，联合国 ESG 高级策略顾问，中国数据资产国际标准化工作组专家组成员，工信部人工智能高级工程师，著有多部关于数据管理的专业著作。

摘　要

从技术应用到政策出台，2024 年是重要节点。2014 年，大数据首次写入政府工作报告；2024 年 1 月 1 日，《企业数据资源相关会计处理暂行规定》正式施行，实现"数据资产入表"。2014~2024 年是中国大数据产业高速发展的十年，数据完成了从资源向资产转变的过程。用户从原先关注数据技术的先进性，转变为更加关注数据应用场景的落地。2024 年我国政府工作报告提出"加快发展新质生产力"；党的二十届三中全会提出，"培育全国一体化技术和数据市场""加快构建促进数字经济发展体制机制，完善促进数字产业化和产业数字化政策体系"。

与之呼应，在 2024 年 1 月美国的 CES 展上，几乎每家公司的每个展厅都与 AI 相关；2024 年 8 月，国家数据局首次举办"2024 中国国际大数据产业博览会"，各厂商都在会上展示了自身在 AI 大模型行业侧应用的成果。引人关注的是，伴随着大数据产业的发展，AI 已逐渐从以代码为中心转向以数据为中心，且不再是功能性的智能，而是系统性的智能。

在此背景下观察诞生于 2017 年的"大数据应用蓝皮书"，其前瞻性不言而喻。

"大数据应用蓝皮书"由中国管理科学学会大数据管理专委会和上海新云数据技术有限公司联合组织编撰，始自 2017 年，是国内首本研究大数据应用的蓝皮书。旨在描述当前新技术及政策背景下，大数据在相关行业、领域及典型场景应用的状况，分析当前大数据应用中存在的问题和制约其发展的因素，并根据当前大数据应用的实际情况，对其发展趋势做出研判。《中国大数据应用发展报告 No.8（2024）》分为总报告、热点篇、案例篇、探究篇四个部分，聚焦数字经济助力新质生产力发展，对大数据在工业制造、医疗、公共资源交易等多个领域及行业应用的最新态势进行了跟踪，组织编撰了相关实践案例。本期报告收集了《大数据赋能低空经济高质量发展》《"知了"工品大模型赋能供应链产业链优化升级》《工业互联网平台赋能制造业数字化转型》《美团外卖在隐私计算方面的探索与实践》等热点案例，展开深入分析。

"大数据应用蓝皮书"（2024卷）研究认为，数字技术作为新型通用技术，重塑产业生态，已经显现出对新质生产力发展的强大推动力。数据作为数字经济时代的新型生产要素，具有高流动性、低复制成本和报酬递增的特征，成为新质生产力的重要组成部分；数据在行业、产业链中的应用和整合，以及数据价值的"变现"已经成为绝大多数用户关注的焦点；在行业侧，每个部门都在寻找大模型可落地的应用场景。

数字经济作为新质生产力的重要体现和推动力量，为新质生产力的发展注入了新的动能和活力；而新质生产力的发展又进一步促进了数字经济的深化和升级。两者相辅相成，共同推动经济社会的高质量发展。

报告提出，面对数字经济带来的机遇与挑战，应加快完善数据要素市场建设，培育新型数字经济劳动者队伍，加强数字技术创新与应用，充分发挥数字经济高创新性、强渗透性、广覆盖性特点，持续拓展实体经济和数字经济融合的深度和广度，提升产业体系现代化水平。

关键词： 新质生产力　数字经济　大数据　AI应用

序一
新一代信息技术打造新材料新高地

彭　寿*

我国新材料产业正处于前所未有的历史机遇期。信息技术与新材料作为高端制造业的基础，是推动我国制造业迈向高质量发展的关键。新材料不仅具有战略性、先导性和颠覆性，还具备高附加值和强大的产业带动能力，是培育战略性新兴产业和引领未来科技发展的重要支柱。

国家重大战略需求依赖关键材料技术和产业的发展，随着新兴产业技术的迅猛推进，对材料的要求也在不断提升。尽管我国在特种玻璃、石墨烯、稀土、碳纤维及新能源材料等领域取得了一系列突破，但与美、日、欧等国家和地区相比，在经济实力、核心技术、研发能力和市场份额方面仍存在显著差距。与韩国、俄罗斯等国一样，我国材料行业正处于快速发展的关键阶段。然而，全球新材料产业的寡头垄断趋势日益加剧，高端材料技术的壁垒逐渐显现。跨国公司凭借技术研发、资金和人才优势，通过技术和专利构建壁垒，已在多个高技术含量、高附加值的新材料领域占据主导地位。面对这一严峻形势，我国新材料产业亟须应对挑战，深耕自主创新已成为共识。

* 彭寿，中国工程院院士，享受国务院政府特殊津贴专家，现任中国建材集团有限公司总工程师、中国建材国际工程集团有限公司董事长；主持完成多项国家和行业重大课题，主持筹建浮法玻璃新技术国家重点实验室等多个国家级研发平台，建成国家级玻璃新材料高新技术产业化基地；获国家发明和实用新型专利 29 项、国家级和省部级工程技术奖 80 项，发表学术论文 20 余篇；荣获省部级以上科技进步和优秀工程设计等奖项 30 余项，获得授权专利 9 项。

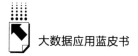

目前，高性能精密制造、材料与结构工艺一体化制造、复杂构件的大型化与轻量化制造，以及高端构件的低成本绿色制造，已成为高端新材料制造的主要特征。通过数字化和智能化制造技术，结合数字孪生和虚拟仿真技术，我国企业获得了攻克研发和生产壁垒的契机。

在新一代信息技术的创新驱动下，探索"计算—数据—智能"融合的新范式，变革传统材料研究模式显得尤为重要。发展以数据为驱动，集成"成分设计—工艺优化—过程控制"的新制造原理和方法，对于破解高端新材料制造的技术难题有重要意义。通过集成计算①材料工程、大数据分析和人工智能等前沿技术，发展高效的研发模式，提升原始创新能力。以大数据和人工智能为基础，发展材料基因工程等新材料设计方法，可以大幅缩短研发周期，降低研发成本，加速创新进程；利用数字孪生技术建立材料及其构件加工成型过程的综合优化和精确控制新方法，将起到支撑材料产业的升级换代和跨越式发展作用；材料加工、虚拟制造与人工智能的学科交叉，将起到发展全过程的数字建模与智能调控理论的作用，引领推动材料成型、焊接与连接、热处理、材料改性②、材料加工装备与工艺控制、复合材料加工、先进制造技术等多科目的材料加工工程学科的发展。

融合人工智能与制造技术，突破材料智能制造共性关键技术，构建全生命周期、全流程、多尺度的智能制造系统是高端新材料的发展重心，以下技术的研究和应用，将全面推动我国高端材料行业整体水平，具有重要的战略意义。

第一，面向工程应用的材料技术数据库建设。以材料基础数据库带动材料研发与生产上下游，结合云计算、大数据手段构建面向工程应用的材料基础数据库，实现标准规范的数据交换机制，围绕材料研发、生产、认证、应

---

① 在材料科学领域，集成计算（Integrated Computational）通常指集成计算材料工程（Integrated Computational Materials Engineering, ICME）。这是一个将多种计算工具、物理模型和数据分析方法集成在一起，用于设计、优化和预测材料性能的跨学科方法。

② 材料改性是指通过化学、物理、机械手段改变材料表面或整体的结构和成分，从而改善材料的性能。例如，表面涂层、渗碳、渗氮等技术。

用、服役全链条，整合产业资源，形成系统化、成体系的材料数据应用产品链，推动材料行业整体生态的突破性创新和持续性创新。

第二，利用新一代信息技术手段推动材料成型设计。实验数据驱动的机器学习方法通过分析大量实验数据，建立材料性能与加工工艺参数之间的映射关系；集成计算手段结合多种数理模型，利用明确的数学方程直接指导材料成型的智能设计；高通量成型技术能够快速生成大量材料样本并收集成型数据，为新材料成型数据库的建设提供支持。这些信息技术手段的结合，可以显著提升材料成型设计的效率、精度和创新能力。

第三，高端新材料成型过程的在线检测与智能感知技术的深入研究和应用。利用在线检测技术对材料塑性成型过程的参数、尺寸、表面粗糙度、表面缺陷及内部缺陷、成型工艺和设备参数进行测量检测，确保成型工艺的稳定性和产品质量，实现最优的材料成型效果，提升设备的工作效率和稳定性。利用射频识别（RFID）、分布式传感器和物联网技术，构建全面的数据采集网络，实现对生产现场的全方位监控，实现对材料和产品的精确追踪，确保生产流程的透明和可追溯。感知技术实现生产状态感知、设备状态感知以及设备之间的智能感知，能够让设备根据实时的生产情况自动调整工作参数，提高生产的柔性和响应速度；降低了对人工监控的依赖，提升了生产过程的自动化水平。

第四，高端新材料成型过程预测与控制技术。其技术核心在于将先进的工业信息物理系统（CPS）、数字孪生系统以及工业大数据与人工智能结合，形成一个能够动态感知、实时分析、自主决策和精准执行的智能成型技术体系。这种技术体系可以显著提升高端新材料的制造精度、效率和质量。

第五，集成策略的开发和实时信息传递与反馈机制的深入研究。为了实现多种先进技术的有效集成，需要制定统一的技术衔接标准，确保不同技术模块能够无缝衔接，减少由不兼容性导致的故障或效率降低；需要搭建包括硬件接口、通信协议、数据转换工具等可靠的衔接桥梁，以确保各技术模块之间的数据和信息流通顺畅；集成策略必须确保技术的高稳定性，保证各个模块在长期运行中的可靠性和一致性，整个数字化系统需要在不同工况下保

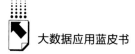

持稳定，避免因突发情况导致生产中断或引发产品质量问题；系统要具有快速的数据处理能力和低延迟的通信网络，各个先进技术模块能够在极短的时间内完成计算、决策和信息输出；系统能够即时地对收集到的信息进行分析，并根据分析结果进行实时调整，这样能够在生产过程中动态优化工艺参数，确保成型质量的稳定。

新一代信息技术与新材料是制造业的两个"底盘技术"，是推动我国制造业高质量发展的重要支撑。技术的融合依赖于政府、金融、研究机构、企业等社会各界的共同努力。"大数据应用蓝皮书"系列长期跟踪中国新一代信息技术发展与应用，探索不同学科的跨界与融合，收集企业数字化转型经验与成果，为我国制造行业的信息化建设提供重要的参考和借鉴，在此感谢各位专家的辛苦努力，希望"大数据应用蓝皮书"发挥出更大的价值。

序二
大数据大模型推动汽车工业高质量发展

尹同跃*

随着新能源、大数据和大模型等先进技术的快速发展，汽车工业正进入一个新的发展时代，并产生深远的社会经济影响。特别是近年来，中国汽车行业迎来了快速增长阶段。除了传统汽车制造商外，小米、华为、百度、格力、阿里巴巴、美的等企业也纷纷进入汽车行业，涉足整车制造及核心部件供应等领域，为中国汽车行业注入了新的活力。同时，传统汽车制造商如奇瑞、上汽、一汽、东风、长安、广汽、吉利、比亚迪和长城等企业也积极探索新能源和智能汽车领域并寻求技术突破。中国汽车厂商抓住了新技术发展的机遇，取得了显著成绩。2023年，中国汽车总销量超过2500万辆，出口700万辆，居全球首位，确立了中国作为世界汽车制造大国的地位。中国企业应继续把握大数据、大模型等新一代信息技术的机遇，深入发展，推动中国向汽车制造强国迈进。

现代化的汽车制造企业大多实现了从概念、设计、生产、销售、使用到报废整个生命周期的全面管理，这种管理方式优化了产品的生产协作与供应链关系。大数据和大模型技术在这一过程中发挥了关键作用，显著提升了生产效率、产品质量和整体运营效益。随着数字孪生和数字编织技术的深入普

---

* 尹同跃，奇瑞汽车有限公司党委书记、董事长，第十四届全国人大代表；中国汽车工业领军人物，曾获得多项国家级和行业级的荣誉和奖项。

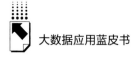
及，企业能够实现更精准高效的全流程管理与生产协作。大数据和大模型将在市场调研、概念设计、详细设计、原型制作、测试与验证、生产准备、量产制造、市场营销、销售服务、用户使用、远程监控、报废回收、零部件拆解和环保处理等环节中发挥重要作用，优化供应链管理，提升客户服务水平，并推动环保和可持续发展。

新一代信息技术正推动自动驾驶和车联网技术高速发展，对汽车行业带来重大变革。自动驾驶系统通过实时监控和处理大量数据，能够及时识别潜在的危险情况，做出迅速反应，减少交通事故的发生。汽车系统内置的冗余设计也提高了车辆在各种情况下的安全性。自动驾驶车辆依赖于高精度地图进行定位和导航，并通过激光雷达、摄像头等传感器获取大量环境数据。这些数据通过大模型进行实时处理和分析，从而实现对周围环境的感知和理解。基于深度学习的大模型能够识别道路、车辆、行人、交通标志等信息，并做出相应的驾驶决策。通过大数据训练的自动驾驶模型，能够不断优化其感知与决策能力，为完全自动驾驶的实现奠定基础。

车联网技术通过将车辆与交通信号灯、路标、道路监控等基础设施连接，实现车辆与基础设施之间的数据交换，提高交通管理的智能化水平。车联网技术通过大数据和大模型，实现车辆与车辆、车辆与基础设施、车辆与云端的互联互通。车联网技术不仅提高了驾驶的安全性和便利性，还为智能交通系统的发展提供基础数据支持。通过大数据分析和机器学习模型，车联网可以实现车辆间的协同控制，避免交通拥堵和事故发生。例如，智能红绿灯系统可以根据实时交通流量数据动态调整信号灯时长，优化交通流。通过对城市交通数据的实时监测和分析，交通管理部门能够做出更科学的决策。智能交通信号控制系统可以根据实时交通状况自动调整信号灯时序，减少交通拥堵。基于大数据分析的交通预测模型还可以帮助交通管理部门提前识别潜在交通问题，采取相应措施，改善交通环境。智能交通管理系统不仅提高了交通效率，还减少了交通事故，提升了城市居民的出行体验。未来，我国汽车企业将继续在车联网安全技术和人工智能领域精雕细琢，致力于打造有品位的高质量产品。

　　"大数据应用蓝皮书"长期跟踪中国大数据的发展，提供了许多关于中国企业数字化转型的思考和案例，为包括中国车企在内的工业制造企业提供了宝贵的借鉴和参考。希望该书能够深入持续地完善，为中国车企的高质量发展提供更多的知识和经验。

目 录 ⊾⊃

Ⅰ 总报告

Ⅱ 热点篇

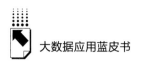
Ⅲ 案例篇

Ⅳ 探究篇

皮书数据库阅读**使用指南**

总报告 ⟩

B.1
转型—赋能：数字经济时代的
新质生产力发展

潘 峰*

摘 要： 数字经济作为新质生产力的重要体现和推动力量，为新质生产力的发展注入了新的动能和活力，而新质生产力的发展又进一步促进了数字经济的深化和升级。两者相辅相成，共同推动经济社会的高质量发展。当前，我国数字经济蓬勃发展，数字产业化与产业数字化均成就斐然。数字经济作为一种新兴经济形态，对生产力三要素劳动者、劳动资料和劳动对象形成新的优化，正在成为推动新质生产力发展的重要引擎。面对数字经济带来的机遇与挑战，应加快完善数据要素市场建设，培育新型数字经济劳动者队伍，加强数字技术创新与应用，充分发挥数字经济高创新性、强渗透性、广覆盖性特点，持续拓展实体经济和数字经济融合的深度和广度，提升产业体系现

---

* 潘峰，安徽省工业和信息化厅二级巡视员、省新经济联合会会长、省委讲师团高端宣讲专家，长期从事信息化推进工作，在数字化转型、工业互联网建设等方面具有颇多建树，所参与推动的一系列数字化工作亮点频现，参与省政府数字化政策文件、法规规划的起草，在《中国电子报》等国家级权威媒体发表数字化领域文章数十篇。

代化水平。

关键词： 数字化转型　数字经济　新质生产力

　　党的二十大报告提出，要加快发展数字经济，促进数字经济和实体经济深度融合，打造具有国际竞争力的数字产业集群。2023年9月，习近平总书记在黑龙江考察调研期间首次提出要"加快形成新质生产力"[①]。2023年12月召开的中央经济工作会议提出，"要以科技创新推动产业创新，特别是以颠覆性技术和前沿技术催生新产业、新模式、新动能，发展新质生产力"[②]。如何以数字经济助力新质生产力发展无疑成为年度大数据应用的内容焦点，本报告就从这里展开。

　　生产力作为人类社会存在和发展的基础，作为推动历史前进的决定力量，它的发展是一个从量变到质变的过程。新质生产力是摆脱传统经济增长方式、生产力发展路径，符合新发展理念的先进生产力的质态。其内涵要求包括：劳动者、劳动资料和劳动对象生产力三大要素的优化，以此推动技术革命性突破、生产要素创新性配置、产业深度转型升级等。

　　数字经济是指以使用数字化的知识和信息作为关键生产要素、以现代信息网络作为重要载体、以信息通信技术的有效使用作为效率提升和经济结构优化的重要推动力的一系列经济活动。数字经济核心内涵主要包括两个方面，一是数字产业化，即信息通信产业，具体包括电子信息制造业、电信业、软件和信息技术服务业、互联网行业以及一系列数据产业（数据采集、数据标准、数据确权、数据标注、数据定价、数据交易、数据流转、数据保护等）的发展；二是产业数字化，即传统产业应用数字技术所带来的产出增加和效率提升部分，包括但不限于工业互联网、智能制造、车联网、平台经济等。

---

① 新华社：《习近平总书记首次提到"新质生产力"》，央广网，2023年9月。
② 习近平：《发展新质生产力是推动高质量发展的内在要求和重要着力点》，《求是》2024年第11期。

数字经济作为一种新兴经济形态，其核心特征与新质生产力高度契合，正在成为推动新质生产力发展的重要引擎。2023年我国数字经济的发展充分证明了这一点。党的二十届三中全会决定指出健全促进实体经济和数字经济深度融合制度。加快构建促进数字经济发展体制机制，完善促进数字产业化和产业数字化政策体系。建设和运营国家数据基础设施，促进数据共享。加快建立数据产权归属认定、市场交易、权益分配、利益保护制度，提升数据安全治理监管能力，建立高效便利安全的数据跨境流动机制。

一 新成就：数字经济取得长足进步

（一）概况

2023年，我国数字经济规模达到53.9万亿元，较上年增长3.7万亿元。数字经济在国民经济中的地位和作用进一步凸显。2023年我国数字经济占GDP的比重达到了42.8%，较上年提升了1.3个百分点。数字经济同比名义增长7.39%，高于同期GDP名义增速2.76个百分点，数字经济增长对GDP增长的贡献率达到66.45%。[①]

数字经济融合化发展趋势进一步巩固。数字产业化与产业数字化的比由2012年的约3∶7发展成为2023年的约2∶8。2023年数字产业化、产业数字化占数字经济的比重分别为18.7%和81.3%。数字经济的赋能作用、融合能力得到进一步发挥。数字经济和实体经济融合发展持续拓展深化，2023年我国一、二、三产业数字化经济渗透率分别为10.78%、25.03%和45.63%，较上年分别增长0.32个、1.03个和0.91个百分点。[②] 2023年广东、江苏、山东、浙江、上海、福建、北京、湖北、四川、河南、河北、湖南、安徽、重庆、江西、辽宁、陕西、广西18个省区市数字经济规模超过

[①] 中国信息通信研究院：《中国数字经济研究发展报告（2024年）》，2024年8月。

[②] 汪淼：《2023年我国数字经济增长对GDP增长的贡献达66.45%，第二产业渗透率增幅首次超过第三产业》，IT之家，2024年8月28日。

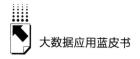

1万亿元。从占比来看，2023年北京、上海、天津、福建、浙江、广东等省市的数字经济占 GDP 的比重已经超过50%。[①]

（二）数字产业化

数字产业化作为数字经济的重要组成部分，为数字经济发展提供数字技术、产品、服务、基础设施和解决方案，为新兴产业的崛起提供了坚实的基础。对新兴产业的培育和新质生产力的发展起到了关键的支撑作用。

2023年，我国电子信息产业生产平稳向好，规模以上电子信息制造业实现营业收入15.1万亿元。规模以上电子信息制造业增加值同比增长3.4%，增速比同期工业低1.2个百分点，但比高技术制造业高0.7个百分点。电子信息制造产品创新为新质生产力提供广阔应用场景。主要产品中，智能手机产量11.4亿台，同比增长1.9%；微型计算机设备产量3.31亿台，同比下降17.4%；集成电路产量3514亿块，同比增长6.9%。光伏产业技术加快迭代升级，多晶硅、硅片、电池、组件产量再创新高，行业总产值超1.7万亿元。锂离子电池产量超过940GWh，同比增长25%，行业总产值超过1.4万亿元。[②]

电信业扎实推进，完成业务收入1.68万亿元，同比增长6.2%。数据中心、云计算、大数据、物联网等新兴业务共完成业务收入3564亿元，同比增长19.1%，占电信业务收入比重由上年的19.4%提升至21.2%，拉动了电信业务收入。云计算和大数据收入较上年增长37.5%。[③]

在日益强劲的数字化转型驱动下，软件和信息技术服务业呈现出平稳较快增长与结构持续优化双向奔赴的特点，累计完成软件业务收入12.3万亿元，同比增长13.4%。软件产业、信息技术服务、信息安全产品和服务以及嵌入式系统软件收入占行业收入的比重分别为23.6%、65.9%、1.8%和

---

① 中国信息通信研究院：《中国数字经济研究发展报告（2024年）》，2024年8月。
② 中华人民共和国工业和信息化部运行监测协调局：《2023年电子信息制造业运行情况》，2024年1月30日。
③ 《我国通信业电信业务量收"双增长"》，新华网，2024年1月24日。

8.7%，对行业总收入增长贡献率分别为 16.2%、73.3%、1.3% 和 9.2%。规模以上互联网企业完成业务收入 1.7 万亿元，同比增长 6.8%，实现利润总额 1295 亿元，同比增长 0.5%。以信息服务为主的企业（包括新闻资讯、搜索、社交、游戏、音乐视频等）互联网业务收入同比增长 0.3%，基本稳定。以提供生活服务为主的平台企业（包括本地生活服务、网约车、旅游出行、金融服务、房屋住宅等）互联网业务收入同比增长 20.7%。主要提供网络销售服务的企业（包括大宗商品、农副产品、综合电商医疗用品、快递等）互联网业务收入同比增长 35.1%。[①]

（三）产业数字化

产业数字化是利用现代信息技术，特别是数字技术，对传统产业进行全面的改造和升级。这一过程不仅包括生产过程的数字化，还涉及业务模式、管理方式等的数字化转型，目的是通过提高生产效率、降低成本、提升产品质量，使传统产业能够更好地适应市场需求的变化。产业数字化的核心在于应用数字技术和数据资源，以数据为关键要素，通过大数据、人工智能、互联网和新一代数字与通信技术，对产业链上下游的全要素进行数字化升级、转型和再造。

产业数字化的意义在于，它能够帮助传统企业实现新的增长机会与发展模式，快速迭代及进阶的数字科技为传统企业转型升级带来新希望。具体来说，产业数字化通过技术引入、流程重构和数据驱动等步骤，实现技术与行业的深度融合，提升生产效率和经济效益。此外，产业数字化还能够促进产业提质增效，重塑产业分工协作的新格局，并孕育新业态新模式，加速新旧动能转换。

各行业数字化转型加速。在二产制造业方面，截至 2023 年底，已建成 62 家"灯塔工厂"，占全球"灯塔工厂"的 40%。累计培育 58 家"数字领

---

① 中华人民共和国工业和信息化部运行监测协调局：《2023 年软件业经济运行情况》，2024 年 1 月 25 日。

航"企业、421 家国家级智能制造示范工厂、万余家省级数字化车间和智能工厂。工信部相关部门抽样调查显示，智能化改造后，工厂产品研发周期缩短 20.7%，生产效率提升 34.8%，产品不良品率降低 27.4%。关键工序数控化率、数字化研发设计工具普及率分别达到 62.2% 和 79.6%，是十年前的 1.5 倍和 2.3 倍。[①] 大飞机、新能源汽车、高速动车组等领域示范工厂研制周期平均缩短近 30%，生产效率提升约 30%。钢铁、建材、民爆等领域示范工厂本质安全水平大幅提升，碳排放减少约 12%。在三产服务业方面，截至 2023 年末，网络购物、网上外卖、网约车、互联网医疗的用户分别已经达到 9.15 亿人、5.45 亿人、5.28 亿人和 4.14 亿人。电子商务、移动支付规模全球领先，全国网络零售市场规模从 2012 年的 1.3 万亿元增长到 2022 年的 15.4 万亿元，连续 11 年居世界首位；电子商务交易额从 2012 年的 8 万亿元增长到当期的 46.8 万亿元，成为提振消费的重要力量。2023 年跨境电商进出口规模达到 2.38 万亿元，增长 15.6%。[②] 在一产农业方面，农业生产数字化率超过 25%，对农业科技进步贡献率超过 62%。数字平台为农业转型提供有力支撑，2023 年，搭建全国技术集成创新平台体系，聚焦 100 个大豆和 200 个玉米重点县整建制推进，集成组装良田、良种、良法、良机、良制，形成"一县一策"综合技术方案，支撑全国粮食亩产提高 2.9 公斤。电商加快下乡步伐，2023 年，农村和农产品网络零售额分别达到 2.49 万亿元和 0.59 万亿元，在保障农产品有效供给、打通城乡消费环节、弥合城乡数字鸿沟过程中发挥了积极作用。

企业数字化转型步伐加快。据中国信通院调研，59.3% 的传统企业将数字化转型作为一把手工程，数字化战略执行力度大大提升。调研数据显示，分别有 47.2% 和 46% 的传统企业为数字基础设施建设和数字化专业人才提供战略支持。大型企业建平台，中小企业运用平台已成为数字化转型的业内共识。

---

① 刘少华、邱雨潇：《工信部：我国已建成 2500 多个数字化车间和智能工厂》，中国发展网，2023 年 10 月 16 日。

② 杨亚楠：《海关总署：2023 年我国跨境电商进出口 2.38 万亿元增长 15.6%》，光明网，2024 年 1 月 24 日。

二　新态势：数字经济推动新质生产力的发展

数字经济不仅壮大了新经济规模，而且改变了传统的商业模式和产业结构，深刻影响了新质生产力的形成和发展。新质生产力的关键在于劳动过程三要素，即劳动者、劳动资料和劳动对象的优化，成为高素质劳动者、新型劳动资料和广泛劳动对象的组合，代表了现代生产力发展的高级阶段。随着数字经济的发展，三要素的不断优化组合将为新质生产力的发展输入源源不竭的动力。

（一）数字经济优化新型劳动者

新质生产力的形成依赖于劳动者的高素质。高素质的劳动者是新质生产力中最重要、最活跃的因素，劳动者的技能、知识、经验和创新能力正在成为生产力发展的重要驱动力。当前，我国现有数字劳动力数量型短缺、素质型短缺和结构性短缺并存。有关研究报告显示，2023 年，我国数字化综合人才总体缺口在 2500 万人至 3000 万人。提升劳动者数字素养迫在眉睫。随着数字经济的发展，这一短缺状况正在得到迅速改善。广大的高素质劳动者不仅在大量地获得更高的知识和技能水平，还在不断塑造快速变化的能力和创新思维。数字经济正通过多种方式提升劳动者素质，为新质生产力提供坚实的人才基础。在数字经济时代，劳动者数字素养的培育呈现多维并进的局面。

一是拔尖人才的培育。数字技术的进步促使这些战略人才不断突破科技前沿，创造出具有革命性的新工具和新方法。数字经济通过广泛的在线教育和开放资源平台，为这些战略人才提供了学习和研究机会。这些平台不仅为现有的科技人才提供了持续学习和提升的机会，也为潜在的未来人才铺平了发展道路。借助数字手段，科技工作者的科研效率大大提升，各个领域都呈现出成果加速涌现的局面。

二是管理人才的培育。全国各地对于各个部门管理者、企业家领军人才

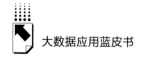

的培育如火如荼，政府及社会有关机构将这些部门人群数字素养的锻造作为一项置前的工作加以组织，取得了很好的成效。例如，像安徽、浙江等省在组织企业培训过程中，还做到了标准教材、标准化师资、标准化样板案例等，确保培训质量不打折。

三是广域的应用型人才培育。对于工程师和技术工人的数字培育始终在大力度的推进中。数字经济通过多种方式辅助提升应用型人才的素质，使之更多具备了多维知识结构和操作新型生产工具的能力。其中，一系列在线职业教育培训和技能提升平台发挥了重要作用。数字化管理工具和写作平台的广泛应用，也在一定程度上提高了劳动者的工作效率和创新能力。

四是数字经济不断优化培训效率与人才匹配精准度。数字经济正在利用人工智能和大数据技术，优化劳动者的培训和发展路径，智能招聘系统通过数据分析和算法匹配，提高了人才筛选的精准度，使得企业能够找到最合适的人选。个性化学习推荐系统根据学习者的兴趣和进度，提供量身定制的课程和学习路径，确保每个劳动者都能在最短时间内掌握所需技能。

五是数字经济还正在让更多的机器人成为劳动者的重要辅佐。工业机器人国内市场销量已由 2015 年的 7.0 万套增长至 2023 年的 31.6 万套，占 2023 年全球总销量的 53.6%，连续 11 年成为全球最大市场。我国制造业机器人密度约为全球平均水平的 2.6 倍。① 以"具身智能"为代表的通用人工智能与机器人融合技术也已有少量应用试点。

（二）数字经济优化新型劳动资料

马克思指出："各种经济时代的区别，不在于生产什么，而在于怎样生产，用什么劳动资料生产。"② 可见劳动资料，以及基于此劳动资料的劳动方式是划分经济时代的标志。数字经济条件下的新型劳动资料呈现出以下特征。

1. 数字化网络化的基础设施成为崭新的劳动工具

我国已建成全球规模最大、技术领先的网络基础设施。新型通信基础设

---

① 郭倩：《我国连续 11 年成为全球最大工业机器人市场》，经济参考网，2024 年 8 月 14 日。
② 《马克思恩格斯全集》第 42 卷，人民出版社，2016，第 170 页。

施适度超前规模化部署，双千兆网络覆盖持续完善。截止到 2024 年 6 月，具备千兆网络服务能力的实际端口数达到了 2597 万个，形成覆盖 5 亿户家庭的能力。[①] 2023 年底，我国 5G 基站总数达到 337.7 万个，其中，90%的 5G 基站已实现共建共享。5G 融合应用的广度和深度进一步拓展。截止到 2023 年底，5G 行业应用已融入 71 个国民经济大类，应用案例数超过 9.4 万个，5G 行业虚拟专网超 2.9 万个。[②] 5G 应用在工业、矿业、电力、港口、医疗等行业深入推广。目前 5G 网络已覆盖所有的地级市城区、县城城区，持续推进向重点场所深度覆盖。标识解析体系建设持续深入，逐步融入工业制造过程产生价值。标识体系建设日趋完备，"5+2"东西南北中一体化格局全面形成，北京、上海、广州、武汉、重庆五大顶级节点和南京、成都两大灾备节点稳定运行。节点规模迅速扩张，在全国各地、重点行业中已形成一定支撑能力。截至 2023 年底，国家顶级节点稳定运行，二级节点上线超过 330 个，实现全国 31 个省（区、市）全覆盖，日均解析超过 1.5 亿次，逐步成为推动企业数字化转型和经济社会高质量发展的关键支撑。

工业互联网建设持续稳步推进。2023 年，我国工业互联网产业规模达到 13619.5 亿元，较 2022 年增加 1358 亿元。规模增速为 11.1%，"十四五"前三年持续保持两位数增长。从结构上看，软件及解决方案、工业互联网平台以及互联自动化产业对整体规模增长带动作用最为明显，增长贡献率分别为 33.7%、29.9% 和 29.6%，较上一年分别增长 19.0%、32% 和 6.7%。具体来说，其一，新型工业软件及解决方案凭借性能强大、部署简易、功能全面的优势，在工业领域迅速渗透并快速迭代，应用市场愈发蓬勃。其二，2023 年，我国工业互联网平台产业规模达到 1678 亿元，较上一年增加了 32%。平台不仅是"量的增长"，而且已进入"量质齐升"阶段。目前，我国已培育具有一定影响力的综合型、特色型、专业型平台超过 270 家，其中"双跨（跨行业、跨领域）"平台 50 家。平台对行业知识复用、创新迭代

---

① 中国信息通信研究院：《中国数字经济发展研究报告（2024 年）》，2024 年 8 月。
② 中国信息通信研究院知识产权与创新发展中心：《全球 5G 标准必要专利及标准提案研究报告（2024 年）》，2024 年 9 月。

能力大幅提升，重点平台平均承载工业机理模型超 2.45 万个，覆盖 9 大领域，共沉淀工业机理模型超 123.7 万个。平台在垂直行业落地实施不断深化，对企业赋能功用日益强大。如卡奥斯 COSMPLat 平台、安徽的凯盛 AGM 平台注重全流程服务能力的打造，为相关行业提供涵盖研发、生产、仓储、物流、服务等业务环节一体化解决方案，价值贡献再创新高。其三，工业互联网互联自动化产业规模已达到 3101 亿元，较上年小幅提升，但其中的边缘计算主导的新兴技术领域规模增速明显，达到了 23.2%。工业控制产业规模为 2605 亿元，在工业互联网互联自动化产业中的占比高达 84%。总之，工业互联网建设已取得全方位的显著成效，全国工业互联网发展成效指数、基础能力指数、应用推广指数分别从 2020 年的 100、100、100 提升至 2023 年的 235、311、182。技术创新指数稳步提升，新领域创新突破助力"换道超车"。我国工业互联网技术创新指数达到 211，较上年提升了 29.4%。[1]

2. 数字化、网络化、智能化成为崭新的劳动方式

工业智能产业进入高速扩张期。人工智能产业规模持续扩大，截至 2023 年底，我国人工智能产业规模接近 5800 亿元，已经形成了京津冀、长三角、珠三角三大集聚发展区，核心企业数量超过 4400 家，居全球第二。我国人工智能基础设施建设占地规模居世界第二，其中智能算力占比超过 25%。AI 大模型围绕工业各环节进行赋能，引发对传统产业的系统性重构，成为塑造产业整体竞争格局的新起点。根据 MarketResearch 数据，2023 年全球"制造+大模型"的市场规模为 3.2 亿美元，预计 2032 年将突破 64 亿美元，年均增长率达到 41.1%。[2] 2023 年全球"工业设计+大模型"的市场规模为 2.0 亿美元，到 2032 年将达到 13.45 亿美元。语言类大模型实现工业知识问答、内容生成是现阶段主要布局方向，如科大讯飞星火大模型、优质采公司的"知了"工品大模型，等等。与工业核心领域相结合的工业大模型更是亮点频现，涌现出一大批能够解决工业制造与管理过程中实际问题的

---

① 中国工业互联网研究院：《中国工业互联网产业经济发展白皮书（2023 年）》，2023 年 12 月。
② 工业互联网产业联盟（AII）：《工业互联网技术产业创新报告（2024 年）》，2024 年 3 月。

大模型。如中科类脑的"玄视"大模型、喆塔科技的灵光大模型、展湾科技的糖炒板栗大模型，等等。

数字化服务商数量逐年增多，赋能效应凸显。企查查数据显示，2023年我国工业互联网领域大型企业数量约为683家，较上年增加170家。ICT领军企业和传统制造业龙头企业等不同类型企业主体纷纷加大智能化领域布局力度。ICT企业是产业供给侧主体，683家大型企业中，信息传输、软件和信息技术服务业，以及科学研究和技术服务业累计占比56%，提供智能硬件、云平台、系统、通信网络等基础设施和相关应用支持。传统制造企业占比逐年提升，在683家企业中占比为18%，企业基于自身工业基础融合信息技术进行产品和组织的迭代创新。电力、水利、采矿、交通运输等行业也加快推进工业互联网建设，累计占比达到11%，基于自身优势提供相应数字化转型产品或解决方案。中小数字化服务商作为新生力量，在推动产业高质量发展方面起到重要作用。企查查数据显示，2023年我国聚焦工业机器人、人工智能、区块链、大数据、AR/VR等新兴技术的数字化服务企业超过2.2万家，其中中小微企业占比超过八成。中小科技企业逐步成为创新主力军。企查查数据显示，2023年，数字化领域获得高新技术企业、科技型中小企业、专精特新"小巨人"企业、专精特新中小企业、创新型中小企业、制造业单项冠军企业、独角兽企业、瞪羚企业、隐形冠军企业数量达8404家，成为强链补链的重要力量。

企业数字化转型步伐加快。一是企业数字化投入加大。IDC数据显示，2023年中国数字化转型支出约3850万亿美元，并将以17.9%的年复合增长率持续增长。[①] 二是重点应用覆盖面扩大。2023年，"5G+工业互联网"项目发展已经覆盖工业的全部41个国民经济大类、培育形成了一大批典型融合应用模式，从研发供销服各单点环节向全环节持续渗透，深化平台化设计、智能化制造、个性化定制、网络化协同、服务化延伸、数字化管理六大模式，应用范围从视频监控、质量检测等生产外围环节逐步向研发设计、生

---

① 中国信息通信研究院：《中国工业互联网发展成效评估报告（2024年）》，2024年6月。

产控制等制造核心环节延伸。三是企业加速探索应用。截至 2023 年底，全国各地聚焦原材料、装备制造、消费品、电子信息等行业，累计建成 421 个国家级智能制造示范工厂，并依托企业在技术、装备、工艺等方面的关键需求，积极打造具有较高技术水平、应用价值的解决方案，形成 1235 个典型应用场景。而场景建设又形成差异化路径，数字化应用聚焦生产核心环节优化，数据应用水平持续提升，从效率优化走向价值创造，新制造模式、业务形态探索加快，正在带来颠覆性变革。数字化转型分行业推进路径逐步清晰。原材料行业从全流程智能化控制优化向安能环一体化管理切入，并逐步迈向全价值链协同优化。电子信息关注适应订单变化柔性可重构生产与制造工艺的数字化设计，加速探索供应链弹性管控。装备制造业从复杂产业研制的数字化设计与柔性化生产切入，加速供应链协同优化，探索服务化延伸。消费品行业以个性化需求驱动的柔性定制生产为切入，加速产供销一体化协同，进而推动业务精准创新。当前，我国已建成 2300 多个数字化车间和智能工厂，经过智能化改造，研发周期缩短约 20.7%，生产效率提升约 34.8%，不良品率降低约 27.4%，碳排放减少约 21.2%。①

产业链企业协同发力，形成若干数字化供应链应用模式。一是以原辅材料线上交易和增值服务为主的供应网络打通模式。二是进一步打通生产网络，构建社会化的"供应+生产"网络模式。中游行业存在大量上下游分散、供求错置的工业品领域，更大范围的多变化排产应用正在充分涌现。三是进一步打通消费网络，构建"供应+生产+消费"全链条多主体协同的网络模式。各模式都已初现显著价值。

构建区域转型生态。在区域层面，各地立足自身特色产业和发展需求建设链集群，面向工业园区打造公共服务平台。截至 2023 年底，我国已在东、中、西部工业基地建成 8 个国家级工业互联网产业示范基地，助力当地支柱产业高质量发展。比如，安徽还开展"一区一业一样板"活动，将"平台+园区"引向价值深处。

---

① 中国信息通信研究院：《中国数字经济发展研究报告（2024 年）》，2024 年 8 月。

（三）数字经济优化劳动对象

传统大生产时期的劳动对象往往是指自然资源、原材料、零部件等物质资料。数字经济时代，劳动对象发生质变，一是数据要素成为劳动对象的新组成；二是数据以及数据工具设施与传统劳动对象的融合也构成新的劳动对象。更加广泛的劳动对象正在创造更加满足多元化、个性化需求的物质基础。

一是数据成为新型劳动对象。由于数字技术的发展，数据的采集、传输、处理成本大大降低，生产主体能够以较低的边际成本获得海量的数据，数据融入劳动对象之列，并且在劳动实践中的价值不断凸显。随着数字经济的快速发展，数据成为国家基础战略性资源和关键生产要素，作为新兴劳动对象参与物质生产和价值创造。当前，数据已成为企业不可或缺的战略资产，据调研，我国已有超过四成的大型企业基于数据进行决策，超过三成的企业应用数据分析结果指导研发生产和管理经营。

今天，数据算力基础设施规模持续壮大，整体跨越式提升，处于世界领先水平。我国算力建设持续完善，在数据中心、智算中心、超算中心等方面均实现跨越式提升，带动我国算力规模达到世界第二。截至 2023 年底，我国在用数据中心机架总规模超过 810 万标准机架，算力总规模达到了 230EFLOPS[①]，即每秒 230 百亿亿次浮点运算。其中，三家基础电信企业为公众提供的数据中心机架数达到了 97 万，比上年末净增 15.2 万家，可对外提供的公共基础算力规模超过了 26EFLOPS。智算中心抢先布局，全国约 30 个城市在建或筹建智算中心，基于不断增长的算力需求，规划多期扩容建设，建成的智算中心在性能、效率、绿色等方面具备显著优势。超算中心积极推进，截至 2023 年 8 月，我国已建成 14 个国家超算中心，并深度融入石油勘探、工业设计等领域，不断推动技术创新和产业升级。围绕国家算力枢纽数据中心集群布局，新建约 130 万条干线网络，启动 400G 全光审计骨干网建设。实现云算力网络的高效互通。国家东数计算战略积极落实，全国性

---

① 国家互联网信息办公室：《国家信息化发展报告（2023 年）》，2024 年 8 月，第 2 页。

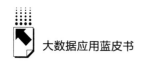
算力网络布局持续完善。

二是数据以及数据工具设施与传统劳动对象的融合构成新型劳动对象。数字技术不仅能丰富劳动对象范围，还能大幅提高传统劳动对象的附加值。通过对生产、分配、流通、消费各环节全链赋能，可以倍增传统劳动对象的价值效应，以乘数效应实现全要素生产率的提升，拓展生产可能性边界。比如数字孪生，就是数据与传统劳动对象融合而形成的新型劳动对象。它源于对物理世界的反映，通过数字化呈现，可以对研发设计、生产过程等诸多环节进行数字化的辅助，大大提高研发、生产和管理效率，提升一些特殊生产环境的安全性、易操作性。

由于数据以及数据工具设施与传统劳动对象的融合深入，今天，企业的数字化、网络化、智能化发展态势强劲。在数字化基础方面，表征企业关键业务环节数字化水平的关键指标均超过60%。2023年，我国制造企业数字化研发设计工具普及率、关键工序数控化率和经营管理数字化普及率分别达到79.6%、62.2%和76.2%。[①] 在网络化集成方面，实现纵向管控集成、横向产供销集成的企业比例约可达到30%。纵向集成促进了内部各种设备和系统之间的互联互通；横向集成推进了供应链管理，增强了生产协同和供应链协同能力。在智能化制造方面，具备智能制造就绪基础的企业比例超过了10%，达到14.4%，这为推进企业内、组织间的生产、经营、管理、服务等活动和过程的智能化协同化，促进原有生产、经营、管理及服务方式和模式发生全方位、颠覆式变革，不断催生新业务、新模式，培育形成新的产业生态体系提供了条件。

三 新未来：加快数字经济推动新质生产力的步伐

锚定数字经济助力新质生产力发展，我们仍需在诸多方面特别是一些薄弱环节付出艰苦努力，以提高效率，多结硕果。这里提出若干建议。

---

① 国家互联网信息办公室：《国家信息化发展报告（2023年）》，2024年8月，第19~20页。

（一）夯基铸魂，在算力与工业软件方面再加力

算力决定着人工智能的基础。虽然我们在算力建设上取得了积极进展，在算力总规模上位居世界前列，但是美国在底层算力方面依然占据优势，导致我们的运算速度相对较慢。我们需要加速半导体技术的突破，以打破硬件技术封锁。此外，建设算力网络和发挥 GPU 集群效果也是弥补短板的重要途径。

工业软件是现代工业之魂。我国工业软件起步晚，市场占有率低，不足全球市场的 10%。特别是在核心技术方面存在短板，如在三维几何引擎（CAD 内核）、CAE 求解器等关键技术上存在"卡脖子"风险。近年来，合肥的九韶智能在这方面取得重大突破，要加速成果的应用推广，群策群力从根本上推动工业软件国产化进程。

（二）培样育景，在样板带动与场景引导方面再加力

当前推动数字化转型存在的一个突出问题就是，许多企业存在着"不愿转""不会转"的问题。之所以"不愿转"，是因为看不清数字化转型后的价值回报，担心投入打了"水漂"。之所以"不会转"，是因为缺少数字化转型的方案策略，缺"施工图"。这时候，分行业、分领域细颗粒度地培育总结数字化转型样板，打造一个个成功的应用场景，供广大企业去参考借鉴，以打消顾虑，提高转型效率，就显得尤其重要。

（三）汇智引力，在资源协同与生态营造上再加力

要提升数字经济推动新质生产力发展的效率，必须善于四方汇智，八方引力，在资源协同与生态营造上做大文章。今天我们处在一个万物互联的世界，尤其要善于运用数字化网络化的连接，以平台思维、网络思维，推动企业跨界、产业跨界、领域跨界、区域跨界，做出合作共赢的一个又一个精彩的智能化工程，在新模式、新业态上做出新的价值。

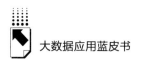
四　结束语

大数据相关技术发展催生了一系列新产业，大数据改变了企业决策、生产、营销等方式，进一步推动企业数字化转型，使经济发展更依赖数据驱动的创新和优化，提供生产效率，促进经济向高质量发展。又进一步丰富了数据经济的内涵。数字经济与新质生产力有着深刻的递推逻辑关系。当数字经济使数据成为新的生产要素，当数字经济催生了大量新兴产业和创新型企业，当数字经济推动了传统产业高效绿色转型升级，当数字经济发生着较强的规模收益递增……我们要坚定地说，数字经济助力新质生产力，不是当前的"选择题"，而是时代的"必答题"。当前，我们在这一历史的答卷上，已经有了良好的开篇，接下来，怎样又好又快地续写答卷，是我们共同的使命。本文关于数字经济的年度成就描述，关于数字经济对新质生产力推动的一系列的数据叙写以及关于未来的工作建议，都是为了大声地说出这一点，以期引发更广远的共鸣。

热 点 篇

B.2
大数据赋能低空经济高质量发展

向锦武[*]

摘　要： 针对大数据在发展低空经济中的机遇和挑战，首先分析了当前我国低空经济与大数据协同发展面临的多源数据融合、高效数据传输、高算力要求、信息安全和隐私保护等难题；其次介绍了大数据背景下的低空智联无人机研制、低空空域管理、低空经济应用场景拓展、数据安全保障等方面的技术途径；最后，从政策引导、前沿技术、产学研融合的角度，提出以大数据技术作为关键驱动力，促进低空经济的建设、管理、应用，并加强其安全保障，从而实现低空经济高质量发展。

关键词： 大数据　低空经济　无人机　空域管理　信息安全

---

* 向锦武，中国工程院院士；现任北京航空航天大学教授、博士生导师，无人系统研究院总设计师；兼任北京航空航天大学校学术委员会副主任、中国管理科学学会会长。

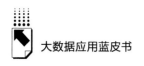

一 低空经济中大数据技术应用发展现状

大数据技术作为数字经济的重要组成部分，对促进经济增长、提升国家的综合实力和国际竞争力具有重要意义，构建大数据信息网，对来自不同形态、格式、特点的数据在逻辑或物理上有机地集中挖掘，将有力促进各经济、技术领域融合发展。2024年全国两会首次将"低空经济"写入政府工作报告。2024年3月27日，工信部、科学技术部、财政部、中国民用航空局印发《通用航空装备创新应用实施方案（2024—2030年）》，方案提出：到2030年推动低空经济形成万亿级市场规模。低空经济作为新兴的经济增长点，正以前所未有的速度和规模影响着生产和生活方式，并有力地推动着产业升级、促进国民经济的发展。"造天车、修天路、筑天网"是低空经济发展的基石，低空经济的发展离不开大数据技术的支撑。

大数据时代的低空经济依托3000米以下低空空域，以各类低空飞行活动为牵引，是辐射带动相关领域融合发展的综合性经济，既包括传统通用航空业态，又融合了以无人机为支撑的低空生产服务方式，具有立体性、区域性、融合性和广泛性的特征。低空经济以无人机产业为主导，以智慧低空新基建为依托，以低空空域管理为保障。作为新质生产力的代表，低空经济科技含量高、创新要素集中。

当前，我国低空经济正处于变革机遇期和战略发展期，国务院和中央军委联合发布的《无人驾驶航空器飞行管理暂行条例》已经正式施行；深圳出台全国首部低空经济立法；海南省发布了全国首张省域无人驾驶航空器试飞空域图，探索建立协同空域管理机制；广东省的通航企业"亿航智能"获得全球首张无人驾驶载人航空器系统型号合格证；安徽省规划了以合肥为中心的通用航空"一小时通勤圈"雏形；北京市发布《北京市促进低空经济产业高质量发展行动方案（2024—2027年）（征求意见稿）》。随着中央的大力部署以及地方政府的加速布局，低空经济发展的政策体系不断完善，技术基础不断加强，产业组链效应不断释放，已经逐渐形成了全国一体的低空经济发展合力。

低空经济从早期应用探索阶段达到了如今的规范化发展阶段，大数据技术的发展在其中发挥了重要的推动作用。在大数据技术的引领下，设施网、航路网、通信网、服务网、管理网五网融合，组成了低空经济的主要要素。同时，随着低空经济生产作业类应用得到深度拓展，公共服务类应用逐步成熟，航空消费类应用加速探索，大数据的应用亟须加强。

当前，大数据法律法规发展滞后、大数据治理体系远未形成、行业数据壁垒广泛存在、数字化监管平台建设不够成熟，隐私安全与共享利用之间的矛盾问题凸显。尤其在低空经济领域中数据多源异构、数据隐含性不明确、数据规模与价值的矛盾等问题，使得低空大数据的应用受到限制。因此，如何克服体系、技术、管理等多维挑战，将是大数据赋能低空经济高质量发展从量变到质变的关键。

二 低空经济中大数据应用面临的挑战

（一）低空经济多源大数据融合处理

低空经济运行过程中涉及地理信息、气象、交通、农业、能源设施、公共安全等多方面的数据，通过多源数据整合与分析，能够提升数据的准确性、增强模型预测能力、优化资源配置，在无人机飞行监测、飞行调度、任务规划决策等方面具有重要意义。低空大数据的应用充满潜力，但在多源大数据融合方面仍有诸多挑战。

多样化的数据采集方式导致数据格式各异，数据整合难度大。例如，低空无人机、地面站和卫星等多种设备产生的数据格式、类型、精度与更新频率各不相同，有效整合这些异构数据对分类算法与计算能力提出了较高要求；城市等复杂环境下的数据带宽限制导致通信与数据传输的延迟，尤其复杂电磁环境以及过远的通信距离将产生严重的数据丢失；当前低空

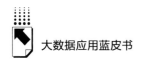

经济大数据的实时处理能力不足，如何将人工智能等前沿技术应用于大数据分析，对提升数据处理能力十分重要；此外，在完成低空多源大数据整合后，如何建立起高效人机交互系统，并将数据充分展示是亟待解决的重要问题。

（二）低空空域管理大数据高效传输

低空经济面临低空通航飞行器技术和低空空域管理技术两方面的挑战。低空空域管理技术确保了低空飞行活动的安全性和效率性，是实现低空无人机看得见、管得住的关键。低空空域管理涉及低空智联网技术、低空空域规划技术以及广域监控管理技术等。

低空经济中的核心载体是无人机，表1展示了无人机典型行业应用的通信指标需求，包括娱乐、巡检、监控、植保、物流和救援六个场景。从表1中可以看出，各场景普遍对通信链路的需求为：低空300m无缝覆盖、上行传输带宽15~60Mbps、飞行控制时延10ms。因此，实现高效的低空空域管理，离不开大带宽、低时延、高可靠的数据传输。[①] 大带宽能够确保所有类型的数据（飞行器的位置信息、航线数据、实时视频流、传感器数据等）实时畅通地传输。实时视频流需要大带宽才能保证图像的清晰度和流畅度，而高频次的位置信息更新需要较高的带宽支持。低时延的数据传输能够确保针对飞行器操作的及时性，避免因延迟造成的安全隐患。当无人机出现偏航、失控等情况时，空域管理系统需要在毫秒级别的时间内获取数据并做出应对措施。高可靠性的数据传输是确保低空空域管理系统安全运行的基础。数据传输的高可靠性能够保证飞行器的状态信息、指令信息等在传输过程中不丢失、不出错、不被窃取，提升飞行器在故障、气象突变等突发事件时的抗干扰、容错能力。

---

① 《低空智联网发展面临三个关键问题》，《人民邮电报》2024年7月11日。

表 1　无人机典型行业应用的指标需求

行业应用	指标需求	行业应用	指标需求
娱乐 	下行速率：600kbps 上行图传率： 15~60Mbps 图传时延：200ms 控制时延：10ms 覆盖高度：100m	植保 	下行速率：600kbps 上行图传率： 15~60Mbps 图传时延：200ms 控制时延：10ms 覆盖高度：喷洒 10m 测绘 300m
巡检 	下行速率：600kbps 上行图传率：15Mbps 图传时延：200ms 控制时延：10ms 覆盖高度：勘探 100m 高空巡检 300~3000m	物流 	下行速率：600kbps 上行图传率： 200Mbps 图传时延：200ms 控制时延：10ms 覆盖高度：100m
监控 	下行速率：600kbps 上行图传率： 15~60Mbps 图传时延：200ms 控制时延：10ms 覆盖高度：100m	救援 	下行速率：600kbps 上行图传率： 15~60Mbps 图传时延：200ms 控制时延：10ms 覆盖高度：100m

资料来源：《5G 泛低空网络部署与服务运营白皮书》，中国联通，2019。

（三）低空经济应用场景高算力要求

在低空经济多种应用场景中，无人机和其他空中设备需要大量的计算能力以实时处理海量数据，包括实现精确的导航、避障及通信等功能的飞行姿态控制、环境感知、地图数据更新等。无人机功能的不断开发，低空经济应用场景的不断增加，给商业和公共服务带来了巨大的潜力和便利。然而，其应用场景的扩展深受算力的限制。尽管我国近年来在算力基础设施领域取得了显著的进展①，然而在当前技术水平下，算力的供给尚不能满足需求。首

---

① 《中国综合算力评价白皮书（2023 年）》，中国信息通信研究院，2023 年 9 月。

先，无人机和飞行汽车等低空航空器受平台本身性能要求，计算能力有限；其次，复杂的软件算法和海量的数据处理依靠强大的先进计算技术支持，需要稳定高速的网络连接和大规模的数据中心来支持实时数据传输和处理。算力不足将严重制约低空经济商业应用的扩展速度和范围，如无人机的城市空中交通管理系统、大规模的空中物流网络等。如何解决算力限制问题，是扩展低空经济应用场景，推动低空经济持续健康发展的关键。

（四）大数据信息安全和隐私保护

低空经济必然涉及大量事关国家和人民安全的重要数据信息。低空航空器在执行任务时，通常会采集、传输和处理大量的地理位置数据、环境影像数据及气象环境数据等，这些信息的泄露不仅会侵犯个人的隐私权，还可能被不法分子利用从而实施身份盗窃、诈骗等违法活动。此外，低空航空器通常需要将采集到的数据通过无线网络传输到远程服务器或云端进行处理和存储，传输过程容易受到黑客攻击、窃听和数据篡改等威胁，未加密或加密不严格的数据容易被第三方窃取，数据信息和隐私泄露风险进一步升高。当前，针对低空经济中数据隐私保护的法律和监管措施尚不完善，缺乏统一的国际法律框架和监管机制，跨境数据传输管理困难。在低空经济中，加强数据加密和身份验证技术，提升数据传输和存储的安全性，推动隐私保护技术的创新，建立健全的数据保护法律框架，是解决数据信息和隐私泄露风险的重要途径。

三 大数据赋能低空经济高质量发展的技术路径

（一）大数据驱动智联无人机研制

低空飞行器是低空经济的主要载体，而无人机是低空智慧通航的核心装备。发展低空经济以低空经济需求为牵引、多源大数据为引擎，驱动智联无人机平台设计技术、数字孪生技术与自主飞行控制技术的发展。

1. 低空智联无人机平台设计技术

发展低空经济需要从实际需求出发，设计和研制满足经济性、可靠性、环保性等要求的无人机。无人机平台技术是多学科、多专业交叉的综合技术，在低空经济的应用场景下，需考虑航空科学与技术、力学、控制科学与工程、车辆工程等多门学科的基础科学问题。

无人机的气动设计直接影响无人机的飞行性能，通过优化无人机的气动设计，可以提升无人机升阻比，进而提升无人机的飞行速度和航程，提升无人机任务执行效率。此外，可以通过旋翼优化、旋翼-机身气动干扰优化、流动控制等方法，降低无人机气动噪声，提升其在城市人口密集区域的接受度。

轻质高效的结构设计是保障无人机装备安全性和舒适性的关键。在进行低空无人机结构设计时，首要任务是从多维度出发，综合评估并强化其前向、横向及垂向的抗撞击能力，确保无人机结构强度与人员安全。同时，还需重点考虑无人机结构减震与抗疲劳设计，旨在实现结构安全性、稳定性与耐久性，保障乘客的舒适体验，确保无人机能够长期、可靠地执行任务。

绿色、高效无人机能源动力技术是低空无人机技术发展的重要方向之一，对于提升无人机的续航能力、降低运营成本、减少环境污染具有重要意义。当前低空无人机的功率需求通常在几千瓦，甚至百千瓦以上。研发系列化、谱系化的能源动力系统，对低空经济的可持续发展有重大推动作用。

2. 基于数字孪生的低空无人机设计技术

数字孪生技术是指在数字环境中，使用虚拟模型来表示现实世界中的实体、系统或过程的概念。数字孪生利用数字技术，使得虚实空间能够无缝交互[1]，通过融合低空经济的多源大数据，能够建立和完善准确度更高的无人机数字孪生模型，从而准确预测无人机飞行性能和部件寿命。

在无人机设计与制造阶段，数字孪生技术可以通过模拟分析结果，反馈

---

① 张生琨、任素萍、杨星雨、郭林、马洪波：《基于数字孪生的无人机状态监测方法》，《航空计算技术》2023 年第 2 期。

到无人机的总体设计过程中，不断优化无人机总体设计参数，实现无人机飞行性能优化，并提升无人机飞行安全。在无人机运营阶段，数字孪生技术可以利用传感器和数据链路的数据，实时监控无人机的运行状态，更新数字孪生模型，从而更准确地监测无人机健康状态，提高无人机的可靠性和安全性。

3. 智联无人机自主飞行控制技术

高度自主控制是低空经济中无人机大规模应用的基础，要求无人机能够具备自主态势感知、智能飞行任务规划、自适应稳定飞行控制等能力，安全高效地完成作业任务。

态势感知是智能无人平台的首层输入。无人机通过机载传感器，实时采集周围环境的图像、距离、速度、方向等多维度信息，结合大数据系统提供的周围地形、建筑物、天气等环境参数，进行高精度的定位与导航，确保无人机飞行安全。环境感知系统对任务执行区域信息进行快速、准确、完整的获取，分析任务区域的整体态势，为自主决策提供强有力的信息支撑。智能飞行任务规划技术使无人机能根据机载传感器获得外部信息，实现信息提取与自主决策，并能通过自主学习提高其性能和任务适应性。智能飞行任务规划技术可以通过实时数据分析，包括天气、地形、空域限制等信息，为无人机提供安全的飞行路径，通过避开障碍物、优化飞行高度和航线，保障飞行安全。

无人机稳定飞行是低空经济场景应用的关键。利用低空大数据技术，能够实现无人机实时在线学习，从而提升无人机在复杂环境的自适应能力。

（二）大数据促进低空空域管理

"天路"划分和"天图"绘制是低空空域管理的核心，大数据技术在低空空域管理中的应用，可以有效提升管理的精细化和智能化。通过基础设施建设、低空空域数字孪生建模、广域监管服务等方面的应用，可以实现对低空空域的全面监控和高效管理。

1. 组建大数据支撑的低空信息网络

大数据支撑的低空信息网络是实现智能化、自动化低空空域管理的关键。为实现对低空空域的全方位监控和管理，需要构建融合空天地信息网的大数据支撑网络。空天地信息网可以通过空基（卫星）、天基（高空平台）和地基（地面基站）等多层次的信息网络，利用大数据技术全面采集低空空域内的各类信息，包括飞行器位置、气象数据、环境监测数据等。通过大数据处理和分析技术，进一步将不同层次的数据进行融合和处理，形成统一的空域信息地图，为空域管理提供全面的数据支持。利用大数据技术可以优化信息网的多层次网络架构，实现数据的高效传输和分发，从而提高管理的效率和准确性。

2. 建立低空空域数字孪生模型

建立空域数字孪生模型是低空空域管理的基础。通过低空空域数字化表征构建精细的时空网络动态模型，将低空空间划分为可计算的单元，并结合时间维度，以及地形、障碍物、气象条件等信息，形成立体网络结构，可以显著提升低空无人机的运行效率和安全性，并支持大规模无人机的集成运行。通过低空空域运行大数据，如飞行轨迹、速度、高度、航向等，可以提取交通密度、冲突热点、关键航线等低空空域的运行特征，从而实现空域内的交通流量变化趋势预测，为低空无人机实现自动化和智能化的空域监控、飞行计划审批、冲突预测、路径规划和调度提供基础。

3. 构建智能大数据广域监管服务系统

基于大数据分析技术，针对低空应用场景，通过实时监测无人机的位置、速度及航迹信息，运用高精度传感器、大数据分析及人工智能等先进技术，精准识别、预测潜在的飞行风险，并提前发出警示，可以有效避免无人机间的碰撞，提升空域安全性。航路重构技术则是对预测结果的即时响应。通过动态规划飞行路径，可以优化空域资源利用，提高整体运行效率，实现无人机间的有序飞行。利用大数据技术进行智能空中交通规划，进行低空空域广域监管是提升空中运行效率、安全性和可持续性的重要手段。此外，大数据技术能够收集并分析无人机的飞行数据、操作日志、维护记录等，通过

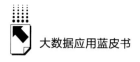

人工智能算法识别异常飞行模式或违规行为，既有助于及时发现并纠正不安全操作，还能为监管部门提供精准的数据支持，加强合规性监管。

（三）大数据拓展低空经济高质量应用场景

大数据为低空经济的高质量发展赋能，主要体现在应用场景深化与拓展、低空经济预测模型构建分析等方面，具体技术路径如图1所示。

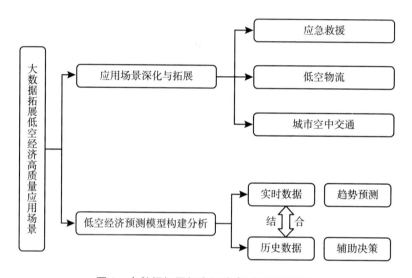

图1 大数据拓展低空经济高质量应用场景

资料来源：作者自制。

1. 低空应用场景深化与拓展

在大数据技术引领下，低空经济的应用场景正逐步深化和扩展，推动着各行业的高效运作和创新发展。除应急救援、物流配送以及城市空中交通等低空经济应用场景外，大数据和无人机技术结合[1]，还在农林植保、海洋监测、生态保护等领域展现出了巨大潜力。

第一，无人机在灾害应急救援中扮演着重要角色。例如，在地震和洪涝

---

[1] 樊邦奎、李云、张瑞雨：《浅析低空智联网与无人机产业应用》，《地理科学进展》2021年第9期。

等灾害发生后，传统的救援方式可能受到地理条件、通信中断和道路封闭等因素的限制，而无人机能够快速飞入灾区，实时收集并传输关键信息，如人员定位、受灾区域的实时情况。这些数据不仅能帮助救援人员做出迅速决策和资源调配，还能减少救援过程中的人员风险。第二，无人机在低空物流方面也展现了显著的优势。随着电子商务的蓬勃发展和消费者对即时配送的需求增加，传统的地面配送方式面临着挑战，尤其是受到交通拥堵等因素的限制，导致配送效率不足。无人机可以通过空中路径快速到达目的地，避开地面交通限制，大大缩短货物运送的时间，并提升配送的精确度和安全性。第三，城市空中交通作为未来智慧城市的重要组成部分，也正逐步探索和应用大数据技术。通过建立智能无人机管理系统，使用大数据分析监测和预测空中交通的动态变化，从而提高城市交通的整体效率和安全性。

总体而言，大数据使低空经济的应用场景不断拓展和深化，不仅加速了各行业的数字化转型，还为应对复杂挑战和提升服务质量提供了新的解决方案，推动低空经济向更高效、更智能的方向发展。

2. 低空经济预测分析模型构建

利用大数据技术构建低空经济预测分析模型，深入洞察市场趋势和客户需求，从而做出精准的预测和决策。无人机在城市空中交通、低空物流和应急救援等场景中应用时，收集到大量关于交通流量、货物需求、灾害影响等方面的数据。低空经济预测分析模型可以结合市场需求、竞争格局等数据，实时进行市场与客户需求分析，评估市场波动和不确定性带来的风险。此外，大数据可以监测和分析政策动态，评估政策变化对低空经济可能产生的影响和风险。通过分析无人机和低空空域管理技术发展趋势等数据，大数据技术可以预测技术突破的可能性，为投资者和企业提供风险预警。

（四）低空大数据安全保障与风险防控

大数据不仅为低空经济的应用场景赋能，也为低空飞行的安全提供保障，并对风险进行及时防控。保障低空大数据的安全主要通过实时监控、强化数据加密和应急响应三个方面来实现，具体技术路径如图2所示。

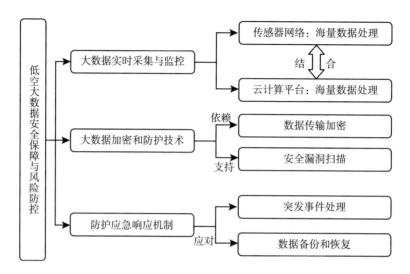

图2 低空大数据安全保障与风险防控

资料来源：作者自制。

1. 低空大数据实时采集与监控

低空大数据实时采集与监控既包括对低空运行飞行器的数据监控，也包括对数据本身的监管。大数据平台对低空飞行器进行全方位的实时监控，是保障飞行安全和运行效率的关键。传感器技术、数据分析和云计算的结合使得实时监控系统精准度和响应速度大幅提高，可有效应对各种飞行异常情况。实时监控系统不断采集和传输飞行器的温度、速度、位置等各类数据，对低空飞行器状态具有高度敏感性。同时，通过与历史数据进行比对和分析，监控系统可以识别出潜在的异常情况和趋势，为空中交通管理提供准确的决策支持。此外，需要对数据本身进行监控，建立入侵检测和防御系统，防止数据泄露。

2. 强化大数据加密和防护技术

大数据加密和防护是确保低空经济稳定运行的关键一环。为了确保敏感数据在传输和存储过程中的安全性，强化数据加密和安全漏洞监测与修复已成为不可或缺的环节。第一，需要加强数据加密技术突破。在数据传输的整个过程中，对无人机机体、地面站、低空空域管理平台、用户终端等所有环节进行全链路数据加密，确保数据在传输过程中不被窃取或篡改；在数据库管理系统层次，对数据库文件进行加密处理，以保护存储在数据库中的敏感数据。第二，需要定期进行安全漏洞扫描和监测，及时发现和修复可能存在的安全漏洞，防止黑客攻击和数据泄露，确保重要数据的机密性、安全性和完整性。

3. 建立大数据防护应急响应机制

建立大数据防护应急响应机制是确保数据安全与低空经济持续发展的关键举措。该应急响应机制需遵循预防为主的原则，通过明确组织架构与职责分工，利用先进技术实时监测数据安全状况，及时发现潜在威胁。一旦发生安全事件，迅速启动应急响应，隔离风险源，抑制事态发展，并通过深入分析根除隐患。此外，需要加强数据备份和恢复能力，建立完善的数据备份和恢复机制，确保在数据受损后系统能够及时恢复。

总而言之，低空经济的运行必然伴随着大数据的产生，在推动低空经济发展的同时，必须高度重视数据安全问题，采取有效措施加强数据安全保护，确保低空经济健康、可持续发展。

四 大数据赋能低空经济发展的建议和举措

（一）加强政策引导，促进规范发展

政府当好"领头羊"，"看不见的手"和"看得见的手"都要用好，指引大数据时代的低空经济在健康正确的道路上发展。

政府应制定和完善与大数据相关的法规和标准，明确数据采集、存储、使用、共享和保护的具体规定，确保数据应用的合法性和安全性。政府既要大力支持低空产业，鼓励企业加入到低空经济产业链中，推动企业发挥更大作用、实现更大发展，又要提升调控效力，建立监管体系，制定行业标准，杜绝低质量发展。

政府应加大对大数据基础设施建设的支持力度，包括 5G 基站、云计算

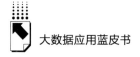

中心、数据中心等。通过政策扶持和资金投入，推动大数据基础设施的建设和完善，提升数据传输和处理能力，为低空经济的发展提供坚实的基础。

同时，政府应推动公共数据的开放和共享，鼓励企业和机构在保护隐私和数据安全的前提下，开放共享数据资源。通过建立数据共享平台、统一数据标准，促进数据的互联互通和共享利用，提高数据的应用效率，促进各方数据的互通互联，发挥数据的综合价值，推动低空经济的发展。

此外，政府应加大对大数据相关技术的研发投入，支持大数据分析、人工智能、物联网等技术在低空经济中的应用。通过设立专项基金和科技项目，鼓励企业和科研机构进行技术创新和应用推广，提升低空经济的技术水平。

（二）深化基础研究，驱动前沿科技

"造天车、修天路、筑天网"离不开高新技术与基础科学协同发展、深度融合。要充分发挥学科发展对低空经济相关基础研究的作用，夯实领域基础、支撑技术发展、探索科技前沿，打造低空经济新增长引擎。基础研究是科技创新的根本驱动力。深化基础研究是实现高质量发展的战略选择，能够为经济增长、社会进步提供坚实支撑，确保国家具备长期的创新能力和竞争力。在大数据技术驱动下，低空经济的发展需要从多个方面进行技术创新和应用。

为了应对低空空域管理大带宽、低时延、高可靠数据传输的挑战，需要加强网络基础设施建设，特别是在低空空域部署高带宽、低时延的通信网络，鼓励研发先进的无线通信技术，支持大规模无人机数据的高效传输和实时响应；推动 5G 基站和卫星通信技术在低空空域的覆盖，建立安全稳定的通信网络，为无人机和其他空中交通工具提供可靠的数据传输支持。

对于低空经济应用场景受算力限制的问题，需要提升计算能力和处理速度，"量子芯片""类脑芯片"等新一代架构芯片的出现为计算硬件的性能提升带来了希望。采用云计算和边缘计算技术，实现对大规模数据的实时分析和预测能力；建立分布式计算平台和高性能计算中心，支撑复杂数据处理任务，提升应用场景的响应速度和效率。

为了应对数据信息和隐私泄露风险的挑战，需要加强数据安全保障措施。采用先进的加密算法对敏感数据进行加密，在数据传输和存储过程中确保安全性；还要建立实时监控系统，利用大数据对低空飞行器进行全方位实时监控，及时发现异常情况，提高飞行安全。

（三）政产学研融合，赋能低空经济

低空经济与大数据技术的融合需要资金和高素质复合型人才的持续投入，因此推动产业的融合与升级需要加强产学研合作、人才培养、鼓励创新和创业、加强国际合作以及加强政策引导和监管等措施。只有多方合作和共同努力，才能推动低空经济的发展。创新、产业、资金、人才的深度融合是将科技创新落地的关键，为此应围绕产业链部署创新链，围绕创新链布局产业链，加大资金投入，重视人才培养，推动创新链、产业链、资金链、人才链"四链"深度融合，建立成果转化制度，集中资源、形成合力，才能实现低空经济持续发展。

一方面，需要加强校企合作，加强成果转化与人才培养。通过建立起科研机构、高等院校和企业之间的紧密合作关系，双方或多方在互利互惠的基础上，促进科研成果的转换和人才培养，在具体实施方面，可以通过共同设立研究中心、联合承研项目、共同培养学生等方式实现。高校应加大对大数据专业人才的培养力度，设置大数据相关专业和课程，培养具备数据分析、数据挖掘、数据管理等能力的专业人才。企业应通过校企合作、实习培训等方式，提升在职人员的大数据技术水平，形成高素质的人才队伍，鼓励高校和科研机构开展跨学科研究，推动大数据技术与航空航天、物联网、人工智能等领域的结合。另一方面，需要建立完善的创新生态系统，包括创新孵化器、科技企业孵化基地等，为科研成果的孵化和转化提供场所和资源支持，从而推动科技创新与产业发展的有机结合，拓展大数据技术的应用领域，提升低空经济的发展水平。

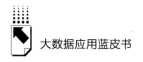

五 结语

低空经济高质量发展是我国经济体系建设的重要推动力，大数据技术作为尖端信息科技，在低空经济"造天车、修天路、筑天网"的主要篇章中发挥着重要引领作用。在低空经济建设上，大数据为低空智联无人机设计和低空智联网建设创造土壤；在低空经济管理上，大数据为低空信息网和低空空域安全保驾护航；在低空经济应用上，大数据为产业和用户之间搭建了桥梁；在低空经济安全保障上，大数据的加密防控技术为国民经济安全建构了防火墙。未来，大数据技术也将进一步助力构建空天地一体信息网，拓展低空经济的应用场景，极大地促进低空经济繁荣发展。

B.3

大模型背景下垂类语料数据治理实践

朱宗尧　傅行晓　高晓丽　周 强*

摘　要： 本文深入探讨了数字化时代下大模型技术在垂类语料数据治理中的应用与实践，并将理论与实践结合，凸显了大模型技术在提升垂类语料数据治理方面的关键性作用。在理论方面，分析了将大模型技术应用于数据治理的必要性，在保证数据治理质量的前提下，大模型技术可以显著提高数据清洗、数据标注、数据安全与质量评估的效率。在实践方面，通过对法律垂类语料治理进行案例分析，展示了大模型在实现数据治理流程自动化与智能化方面的高效性。在数据清洗环节，利用大模型的强大语言理解与处理能力自动化精准完成了法律法规和司法案例元数据的提取和结构化，借助多模态大模型与提示词模板组合实现了司法案例多模态数据的对齐；在数据标注环节，采用小模型初筛和大模型结合的方法实现了法律标签高效、精准标注和问答对标注效率大幅提升；在数据安全和质量评估环节，依托大模型分析能力构建了语料数据安全和质量评估体系。结果表明，大模型技术是推动垂类语料数据治理的关键工具，为继续深化促进大模型在数据治理方面的应用提供了切实可行的方向指引，为构建一个更加智能、高效、安全的数据治理体系做出重要贡献。

关键词： 数据治理　垂类语料　大模型技术　数据安全

---

* 朱宗尧，贵州省大数据发展管理局党组书记、局长、省政府副秘书长（兼），管理学博士，教授级工程师，曾任上海市人民政府办公厅副主任，上海市大数据中心党委书记、主任，上海数据集团有限公司总裁、党委副书记等。傅行晓，上海数据集团有限公司数据资源部（数据运营部）副总经理，曾任上海市大数据中心数据资源部副部长；高晓丽，上海数据集团有限公司数据资源部（数据运营部）数据产品高级专家；周强，上海数据集团有限公司数据资源部（数据运营部）技术架构高级专家。

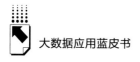
在数字化浪潮的推动下，我国正步入数字经济快速发展的新时代。数据作为新型生产要素，不仅是基础性、战略性资源，更是促进社会发展的重要生产力。随着国家对数据的战略性定位日益提升，数据治理的重要性也随之凸显。2022 年 11 月，美国 OpenAI 公司发布 ChatGPT，大模型的研发和应用迎来爆发式增长，大模型正在成为推动各行业各领域产业升级的关键核心力量。大模型需要用海量的数据（业内一般称此类数据为"人工智能数据集"，以下简称"语料"）进行训练以提升其能力表现，数据的数量、质量和多样性对大模型至关重要，因此，大模型的出现对语料的数据治理提出了更高的要求。传统的数据治理主要是靠人工辅以数据处理工具来完成，而大模型对文字、图像、音频、视频、代码等各类数据的需求体量大、专业度要求高，人工处理的精准度和效能将难以满足大模型的迭代速度。本文主要以垂直领域语料治理为例，着眼于高效安全的生产高质量的垂类语料，从大模型技术和应用角度详细分析垂直领域内语料数据治理面临的挑战，提出在数据清洗、数据标注、数据安全和质量评估三个治理阶段利用大模型提升治理效能的解决方案和应用实践。

一 垂类语料数据治理面临的挑战

（一）专业人才的稀缺性

垂直领域的语料数据治理对专业人才的要求极高，一般的数据治理者很难直接对具有行业壁垒的数据进行加工处理。垂类语料数据是各行业各领域专业知识和经验的结晶，包含行业特定术语、概念定义、规则标准、操作规程、领域知识等。对于非专业人士而言，垂类语料数据往往难以理解。例如，在生物医药领域，语料数据可能包含生物化学过程和药物作用机制，普通的数据治理者缺乏对应领域的基本知识，很难准确地对数据进行分类、标注等处理。专业知识的匮乏还会导致数据治理过程中出现理解偏差和误解，从而影响数据的质量和可靠性。因此，为了有效治理垂类语料数据，数据治理团队不仅需要具备数据科学和工程技术方面的基本能力，还需要引入和培养具备一定专业背景的人才，而专业人才的稀缺和高昂成本制约着数据治理的效率和质量。

（二）多模态数据处理复杂性

垂类语料数据由大量多模态数据构成，多模态数据自身结构复杂的特性也会增加数据治理难度。垂类语料往往涉及多种数据类型和格式，如文本、图像、音频和视频等，每种模态都携带着不同的信息和知识，这种多模态特性给垂类语料数据治理带来了挑战。例如，法律垂类语料包括文本形式的法律条文、案例判决书，图像音视频形式的庭审音频视频证据等，这要求数据治理者在保持上下文一致性和语义连贯性的基础上，综合分析和整合跨模态信息，抽丝剥茧的提炼异构信息的实际价值。

（三）数据安全和隐私泄露的风险

垂类语料数据中可能包含个人隐私、商业秘密等敏感信息，治理过程面临用户隐私与商业秘密泄露、数据安全等多重风险挑战。一是用户隐私与商业秘密的泄露风险增加。个人敏感数据没有经过适当的匿名化处理，在训练过程中被模型学习，导致用户隐私泄露。同时，商业秘密可能因处理人员违规使用而泄露。二是传统数据处理模式引发数据安全风险。数据清洗、标注、安全与质量评估等多阶段流程的设计往往要求不同种类专业人员的广泛参与，用户数据可能被传输至远程服务器处理，数据的每一次流转都可能存在数据泄露隐患。在数据安全高标准的驱动下，垂类语料的数据治理不仅对系统提出了更严格的要求，也相应增加了治理的成本。

二 大模型在垂类语料数据治理中的作用

（一）高效解决垂类语料数据治理面临的挑战

1. 降低从业人员门槛

应用大模型中的微调技术以及引入外部知识源可以提高大模型对垂直领

域的适应性，从而创新性地解决垂类语料数据治理对专业性要求高的问题。大模型微调是指应用垂直领域的小规模数据集对预训练的通用模型进行反复训练，目的是达到快速适应垂直领域需求的效果。外部知识源一般包括垂直领域特定的数据库或图谱等。通过使用检索增强（RAG）① 技术为大模型提供一个丰富的背景知识源，使得模型在处理垂类数据时，能够访问和利用这些结构化的领域知识，以提高模型输出结果的准确性和权威性。例如，在法律领域，微调大模型能够学习法律语言的特点，掌握法律专业术语，理解法律规则和逻辑推理，从而更准确的处理法律文档；通过外挂法律法规知识库，大模型得以依据现行法条进行精准判断，对法律咨询、案例分析等专业内容进行深度解析和规范化处理。② 通过微调和知识库的双重加持，大模型模拟专家的决策过程，提供专家水准的分析见解和判断建议。这种技术融合，大大减轻了对领域专家的直接依赖，使数据治理者能在大模型的辅助下高效处理专业领域数据，突破了传统垂类语料数据治理的强专业性要求。

2. 促进多模态整体治理

通过整合自然语言处理、计算机视觉和语音识别等各类技术，大模型同时解析并理解不同模态的数据，在保持数据上下文完整性的同时，对数据进行综合分析，实现对多模态数据的整体性治理。例如，在医疗场景中，病历文本、诊疗影像和问诊录音属于不同模态的数据，通过多模态大模型的分析，可以转换为用文本详细描述问诊情况及影像内容，融合病历文本数据，形成一个全面的病人健康档案。③ 这样的整合不仅提高了垂类语料数据的可

---

① Lewis, P., Perez, E., Piktus, A., Petroni, F., Karpukhin, V., Goyal, N., & Kiela, D., "Retrieval-augmented Generation for Knowledge-intensive Nlp Tasks", *Advances in Neural Information Processing Systems*, 33, 9459-9474, 2020, https：//arxiv. org/abs/2005. 11401.

② Cui, J., Li, Z., Yan, Y., Chen, B., & Yuan, L., "Chatlaw：Open-source Legal Large Language Model with Integrated External Knowledge Bases", arXiv preprint, 2023, arXiv：2306. 16092, https：//arxiv. org/abs/2306. 16092v1.

③ Wu, C., Zhang, X., Zhang, Y., Wang, Y., & Xie, W., "Towards Generalist Foundation Model for Radiology", arXiv preprint, 2023, arXiv：2308. 02463, https：//arxiv. org/abs/2308. 02463.

用性和信息的丰富度，还能挖掘跨模态医疗数据间的隐含关联，为临床决策提供更为深入的洞察。

3. 防范数据安全风险

大模型的引入为减少数据治理项目中的参与人员并降低数据对外暴露风险提供了新的可能性。应用大模型可以优化或重塑垂类语料数据治理流程，使得大模型能够自动化地执行关键治理步骤，包括但不限于语料的智能标注、关键信息的精准识别与提取，以及数据的标准化和规范化，这种自动化流程可显著减少对人力的依赖，减少数据在不同环节间的流转，降低数据泄露的风险。例如，在法律领域，大模型可以独立完成法律文档的自动分类和关键证据的提取，而不需要人工参与。

敏感数据和数据偏见是影响垂类语料数据安全的两大重要因素，大模型所具备的语义解析能力能为数据治理专业人员揭示并妥善应对数据本身潜藏的安全挑战。垂类语料中通常包含大量的个人隐私、商业机密等敏感信息，大模型可以根据治理要求，识别并标记敏感信息，使数据治理者能够及时采取措施，对敏感数据进行加密、脱敏或限制访问。例如，在医疗、教育、法律等领域，大模型可以标记姓名、地理位置、行为轨迹等敏感信息，引导数据治理者按照安全等级进行脱敏处理。语料数据中的偏见是导致模型决策不公和歧视问题的主要根源，大模型从海量数据学习到的内在逻辑与关联模式，能够识别出潜在的偏见，如性别、种族或年龄歧视。应用大模型的偏见检测能力，数据治理者可以对数据进行偏见发现、评估和调整，确保语料数据的公正性。

（二）全面应用于垂类语料数据治理的各个环节

如图1所示，垂类语料库的形成通常需要经过数据收集、数据清洗、数据标注、安全与质量评估四个阶段，大模型技术的应用贯穿了垂类语料数据治理的各个阶段，为每个关键环节提供了创新的工具和方法。

1. 数据清洗

数据清洗是指对数据进行处理，提取有效数据，去除无关内容，最终形

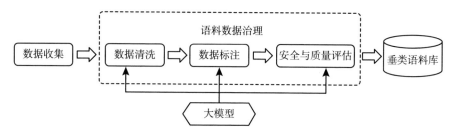

图 1 大模型支撑垂类语料数据治理

资料来源：作者自制。

成标准化格式数据的过程，其目的是提高数据的质量和一致性，便于开展后续分析和处理。在数据清洗的传统实践中，基于规则的方法或小规模模型一直是处理通用语料数据的主流选择。这些方法在常规情境下表现可靠，但面对垂类语料数据的复杂性时，它们的效能往往受限。垂类语料数据具有显著的多模态特性，要求数据清洗技术能够综合处理并理解跨模态数据间的关联和上下文含义。例如，在法律领域，案件文档与图像、音视频等多模态的证据文件构成完整的案件卷宗，确保文档与证据在时间线上的连贯性和上下文逻辑结构的闭合性，对于维护案件信息完整、提升语料质量至关重要。无论是用启发式规则还是用小模型，传统的数据清洗方法通常需要对不同模态数据分别处理，极易造成上下文信息的丢失，削弱了数据间的内在联系与情境脉络。大模型的跨模态融合技术为这一局限提供了创新解决方案，多模态大模型能将文本、图像、音频等数据映射到同一数据空间，有助于多模态数据间的语义关联建模，实现更为全面和深入的数据清洗。Zhu 等（2024）介绍了一种使用多模态大模型衡量图文关联度、过滤图文无关的低质量数据的方法，用于提升多模态数据的一致性。[①] 大模型对多模态数据的统一处理能力极大地增强了对多模态数据的清洗效果，提高了数据清洗的质量和深度。

　　垂直领域的语料数据中蕴含丰富的专业知识，要求数据清洗过程遵循严

① Zhu, Z., Zhang, M., Wei, S., Wu, B., & Wu, B., VDC: Versatile Data Cleanser based on Visual-Linguistic Inconsistency by Multimodal Large Language Models, The Twelfth International Conference on Learning Representations, 2024.

格的规范化处理。大模型结合外挂知识库，如领域术语词典或专业规则库，能够对语料进行精准的标准化和规范化处理。例如，Huang 等（2024）[①] 提出了一种基于大模型的地址数据清洗方式，使用大模型语言理解组织能力，结合标准地址库、道路信息库等多个外挂知识库的检索结果，对原始地址信息进行数据清洗，形成了高质量的标准地址数据库。这种结合了大模型的自学习能力和知识库的专业参考信息的方法，显著提升了数据清洗的准确性和效率。

2. 数据标注

数据标注是指给数据添加标签的过程。在垂类语料数据治理中，数据标注是确保数据集质量和支持模型训练的关键步骤。传统手动标注方法虽然在标注质量方面具有一定的优势，但其耗时且易受主观性影响，因此，引入机器学习模型以实现数据标注成为提升工作效率和标注精度的重要策略。当前，使用少量的领域标注数据对大模型进行微调，或是结合外挂知识库和提示词工程，能够促进大模型减少对大规模人工标注数据集的依赖，在保证标注质量的同时，大幅提升标注的效率。Refuel 团队的研究指出，在金融、科学、商业等多领域的数据标注任务中，同等标注质量的前提下，大模型的标注速度可达到普通标注人员的 100 倍。[②]

尽管大模型在数据标注方面逐渐体现出后来居上的发展势头，但专家的知识和经验在处理复杂或边缘案例时仍然至关重要。专家为模型提供反馈，帮助优化标注策略，确保标注结果的高质量。Hou 等（2024）指出，大模型在外挂知识库、提示词工程的辅助下，经过生物专家的多轮指导与调整，可以高质、高效地完成细胞类型标注任务。[③]

① Chenghua Huang, Shisong Chen, Zhixu Li, Jianfeng Qu, Yanghua Xiao, Jiaxin Liu, Zhigang Chen, "GeoAgent: To Empower LLMs Using Geospatial Tools for Address Standardization", ACL 2024, https://openreview.net/pdf/d594c61e9710efa90f7007f738c778bce43ed647.pdf.

② RefuelTeam: LLMs Can Label Data As Well As Humans, But 100x Faster, June 26, 2023, https://www.refuel.ai/blog-posts/llm-labeling-technical-report.

③ Hou, W., & Ji, Z., "Assessing GPT-4 for Cell Type Annotation in Single-cell RNA-seq Analysis", *Nature Methods*, 2024 Aug; 21（8）：1462-1465.

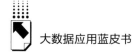

3. 数据安全与质量评估

在垂类语料数据治理实践中，确保数据安全与质量是核心要务。数据质量评估的焦点在于数据的合规性、信息的深度和精确度，而数据安全的评估则侧重于判断数据是否侵犯隐私或知识产权，以及是否包含偏见与歧视。大模型技术得益于其语义理解能力，能够依照用户的指令，对数据安全与质量的关键指标执行精准的量化评估。通过精心设计的提示词工程，数据治理从业者可以创建用户提示模板，并据此构建一套大模型评估数据的工作流，让大模型遵循指令，对数据的安全与质量进行全面评估，实现评估过程的自动化和高效性。Chiang 等（2023）指出，在用户根据场景设计提示词的辅助下，模型所输出的数据质量评分与人类专家的评分显示出高度的一致性；[1] Koh 等（2024）的研究结果表明，大模型能准确识别数据中潜在的偏见和歧视等安全问题。[2]

在高专业度、定制化的行业场景中，大模型也能完成语料数据的安全与质量评估。通过行业语料微调的大模型在认知水平上能够持平行业专家，同时又具备高效查询行业法规标准的能力，可以保证评估结果的一致性和准确性；同时，由于评估结果与行业法规标准库中的内容精准对应，语料治理者可对大模型评估参考依据进行溯源，增强评估结果的可解释性和可信度。吉大正元公司基于安全专属大模型"昆仑"，运用行业标准知识库、微调训练和提示词工程等先进技术，成功开发了能够对数据安全进行分类分级的大模型应用产品。[3] 实践证明，基于标准的评估方法能够输出权威且可解释的结果，提高评估过程的透明度和一致性，增强评估结果的可信度。此外，这种方法助力企业更好地遵守数据安全和隐私保护法规，降低合规风险，在保障数据安全的同时，促进了数据的合理利用和价值挖掘。

---

[1] Chiang, C. H., & Lee, H. Y., "A Closer Look into Automatic Evaluation Using Large Language Models", arXiv preprint, 2023, arXiv: 2310.05657.

[2] Koh, H., Kim, D., Lee, M., & Jung, K., "Can LLMs Recognize Toxicity? Structured Toxicity Investigation Framework and Semantic-Based Metric", arXiv preprint, 2024, arXiv: 2402.06900, https://arxiv.org/pdf/2402.06900v1.

[3] 吉大正元：https://t.10jqka.com.cn/pid_333904933.shtml。

三 大模型与垂类语料数据治理实践：司法语料库

前文从理论上分析了大模型在垂直领域语料数据治理中的应用，现基于具体实践，展示垂类语料数据治理如何与大模型技术进行结合，从而推动数据治理的自动化、智能化发展。

为深入贯彻落实上海关于推动法律科技应用的工作要求，推进法治领域创新科技应用，以人工智能、大模型等新技术全面赋能法律行业发展，上海数据集团自主研发构建了高质量司法语料库，包含法律法规库和司法案例库。在司法语料数据治理过程中，大模型技术发挥了关键作用，通过自动化的数据清洗、分类、标注等，大幅提升了研发的效率，同时也提升了语料库的质量和准确性。语料库建设流程如图 2 所示，其中法律法规库包括 1949 年至今所有宪法、法律、行政法规、监察法规、地方性法规、部门规章和地方政府规章、司法解释及历史修订版本、上海市规范性文件、国务院规范性文件、国务院部门规范性文件、最高人民检察院和最高人民法院规范性文件；司法案例库覆盖了 1985 年至今的民事、刑事、行政处罚和仲裁案例。该语料库包含约 20 亿字符，以周为频率持续更新，数据来源于中央或地方政府官方网站。

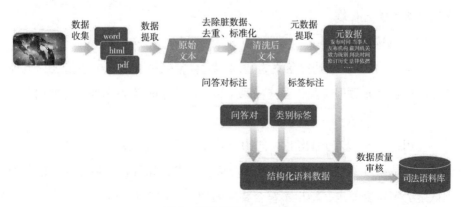

图 2 司法语料库建设流程

资料来源：作者自制。

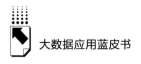

（一）数据清洗

1. 精准提取元数据

在数据清洗环节，主要基于通义千问①和智谱 GLM 大模型②实现了法律法规文件与案例文件元数据的高效提取与结构化。法律法规元数据包括法律文件的修订记录和现行有效性等业务属性；司法案例元数据包括当事人、裁判机关、判决时间、法律依据等。元数据是司法语料的核心组成部分，其以自然语言形式蕴含于原始文本之中，提取元数据是实现语料数据价值的关键任务，对法律大模型训练、立法研究及法律实务应用具有深远的影响。元数据提取的传统做法是对不同体裁和来源的文件进行分析后人工制定规则模板，基于模板指导系统识别文本中特定的元数据信息。这种方法不仅耗费人力资源，且模板通常基于有限样本设计，往往难以覆盖所有可能的情形，有适应性局限。为克服这些挑战，本案例设计了一套提示词模板，自动化完成了元数据的提取与结构化。

（1）粗筛定位

使用粗筛模板与原文生成指令，通过大模型截取出原文中包含目标元数据字段的候选段落集，使下一步大模型搜索的范围缩小，防止出现输入超过大模型最大输入长度。

（2）精确提取

以第（1）步的候选段落集为基础，配合精确提取模板生成指令，大模型抽取出目标元数据字段，并将抽取结果以标准 json 字符串的形式输出。

（3）结果检查

使用第（2）步的输出与格式检查模板结合，生成输出格式检查指令，大模型确认第（2）步的输出结果是否符合要求，如符合，则提取完成；否则认定为不符合要求，输出不符合要求的理由，进入第（4）步。

---

① 通义千问大模型：https：//qwenlm.github.io/zh/blog/qwen2/。
② 智谱 GLM 大模型：https：//modelscope.cn/models/ZhipuAI/glm-4-9b-chat。

（4）自我纠错

纠错模板结合第（2）步的输入输出、第（3）步的输出，生成纠错指令，大模型重新生成结果。促使大模型自我纠正错误，减少人为干预。

通过抽样验证，确认大模型能够以高精度圆满完成这一复杂任务，同时减少了超过80%的人力成本，显著提升了数据处理的效率和准确性。

2.司法案例数据标准化

司法案例数据模态多种多样，判决书是最常见的文本模态，包含当事人、案件的事实描述、争议焦点、法院判决依据、判决理由和结果等，还有现场证据照片、物证图片、监控视频、庭审录音录像等图像和音视频模态，这些不同模态的数据可以单独或组合起来构成对案件的全面理解。为实现司法案例语料的统一分析与应用，必须将多模态数据转换并对齐到文本形式。传统方法通常对不同模态数据使用解决特定问题的小模型进行处理，例如使用光学字符识别（OCR）模型处理扫描件和表格，使用图生文模型处理照片。这些方法需要大量人工标注的数据来训练模型，成本高且效率较低。本案例研究采用了智谱 GLM-4V[①] 和 MiniCPM-V[②] 这两款多模态大模型，为不同的跨模态任务设计专有提示词模板。例如，图文对齐任务场景，用提示引导模型根据裁判文书去关注图像的关键特征；文本 OCR 提取场景，通过提示抽取案件要素。随机抽取少量样本（100~150 个样例）对每种任务进行效果比对，筛选出最适合的多模态大模型与提示词模板组合。利用这些最优组合方案，最终完成了多模态数据的对齐任务，极大地提高了司法语料统一分析和处理的效率。

（二）数据标注

1.小模型和大模型结合标注法律标签

本案例构建了包含百余个标签的法律标签体系，全面覆盖法律法规与案例文件的各个方面，如体裁标签、地域标签、主题标签、案件类型标签等。

---

① 智谱 GLM-4V 大模型：https：//modelscope.cn/models/ZhipuAI/glm-4v-9b。

② MiniCPM-V 大模型：https：//modelscope.cn/models/OpenBMB/MiniCPM-Llama3-V-2_ 5。

打标过程采取小模型与大模型相结合的策略，如图3所示。首先，使用基于Bert模型的向量化技术，对每个法律文件进行粗粒度的标签标注；其次，基于Few-Shot学习方法构建一系列提示词模板，以此向大模型提出问题，综合分析通义千问、智谱GLM、百川大模型的回答；最后，基于投票机制确定每篇法律和案例文本的最终标签。由表1可以看出，该策略明显提高了标注的准确性和可靠性。为验证标注结果的准确性，法律专家进行了多轮抽样验证，反馈结果表明，标签标注结果与文本内容在整体上达到了高度匹配。

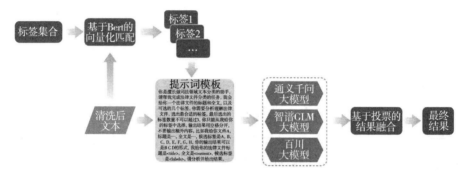

图3　基于大模型和小模型融合的数据标注流程

资料来源：作者自制。

表1　大模型标注结果对比

标注方法	异常率(%)	标签符合度(%)	运行时间(小时)
单独使用大模型1	46.65	28.60	13.26
向量化匹配+大模型2	8.78	81.23	11.86
向量化匹配+大模型1	1.98	85.61	14.54
向量化匹配+大模型3	3.27	77.72	20.18
向量化匹配+大模型结果融合	0.03	92.99	—

资料来源：作者自制。

2.问答对语料标注

问答对是用于大模型微调训练的语料数据，其形式是一对或多对相互关联的问题与回答。本案例在司法领域有两个重要场景："立法草案生成"和

"案件分析"，它们利用大模型生成了近十万组问答对，以替代传统的人工编写问答对的标注方法，提升了微调语料的标注效率。

"立法草案生成"场景主要依托法律法规数据，创建辅助编写立法草案的大模型微调训练语料。该场景的问题涵盖立法背景、目的、大纲等，回答为完整的法律文本。如图4所示，本案例首先利用智谱GLM大模型抽取法律文本中的立法背景、目的和大纲；然后通过基于Bert模型的向量化匹配技术检索相关法案，并将结果整合入提示词模板；再使用智谱GLM大模型生成问答对的问题部分；最后，将法律原文作为回答部分，与问题结合，形成完整的问答对。

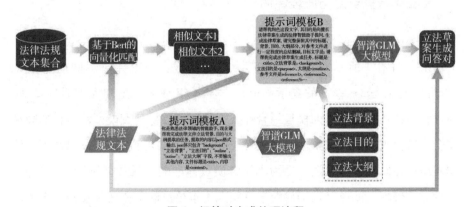

图4 问答对生成处理流程

资料来源：作者自制。

"案件分析"场景则综合运用了司法案例和法律法规数据，生成用于微调训练法律咨询大模型的语料。问题部分包括案由和案情，回答部分包括案件分析和适用法律。在数据清洗阶段，从原始司法案例数据中提取了案由、案情以及适用法律的名称和条款索引。问题部分直接根据数据清洗结果进行组装，而回答部分则由智谱GLM大模型综合分析裁判结果和案件内容，并结合法律法规库中的法律文本生成。

本案例从两个场景中随机抽取了约2000条问答对语料，对通义千问大模型[①]

---

① 通义千问大模型：https：//qwenlm. github. io/zh/blog/qwen2/。

进行了微调训练，并由法律专家团队对模型输出结果进行了测试验证。测试结果表明，经过微调的大模型在"立法草案生成"和"案件分析"场景下的生成能力显著提升，证明了大模型标注的问答对语料在训练法律领域大模型方面的有效性。与传统的人工标注相比，以人工平均1分钟完成2个问答对标注的速度估算，完成同等数量的问答对需要10人团队连续工作21天，而大模型仅需约48小时即可完成全部问答对的生成任务，极大地节约了人力和时间成本。

（三）数据安全与质量评估

本案例依托大模型的分析能力，构建了一个司法语料数据安全和质量评估体系，如图5所示。该体系由三大部分构成：一组针对不同质量指标（指标说明见表2）设计的提示词模板、智谱GLM大模型和人工质检团队。通过将语料数据与提示词模板组合输入大模型可以得到大模型对语料的隐私安全、价值观安全、完整性、一致性、准确性等多维度质量评分以及评分依据。质检团队对被大模型评估为不符合质量标准的语料数据进行人工复核。这种方式确保了问题被精确诊断，并将人工审核员的工作任务量减少至原本的10%以下。通过这种结合自动化评估与人工复核的双重质量控制机制，

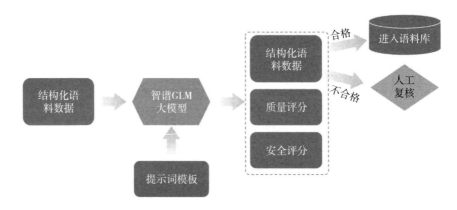

图5 语料安全与质量评估流程

资料来源：作者自制。

在降低人工成本的同时，高效地评估了语料数据的安全性与质量，确保了语料库能够维持高标准和高价值，为数据的深入分析和应用提供了坚实的基础。

表2　司法语料安全与质量评估指标

评估领域	评估对象	评估指标
语料安全	司法案例	隐私安全:是否包含当事人姓名、判决时间等隐私信息
语料安全	司法案例	价值观安全:是否包含偏见或曲解原判决书的内容
语料质量	法律法规,司法案例	完整性:是否完整提取原文内容
语料质量	法律法规,司法案例	一致性:语料结构和标注是否符合统一标准
语料质量	法律法规,司法案例	准确性:元数据和标注是否符合事实

资料来源：作者自制。

通过在数据治理各环节中引入大模型，本案例对司法语料数据的治理全过程进行了根本性的优化，实现了对大规模数据的自动化元数据提取、标签标注、问答对标注，以及安全质量评估。这一革新极大地提升了垂类语料构建的效率，确保了治理工作的精准度，标志着从人工治理到智能治理的进化。目前，该语料库已应用于司法领域的垂类大模型训练，并在智慧立法、法律咨询、案件文书生成等场景中广泛应用。

四　结语

近几年，人工智能的发展超过预期，大模型不仅能够理解人类自然语言，还能学习客观规律和知识，甚至能够自我训练和自我进化，进入自我循环的状态。在这种情况下，继续依靠传统、落后和低效的生产力难以适应时代的发展，如果将大模型转化为生产力，赋能现有产业，将迸发出巨大的能量。在数据治理领域，大模型技术的集成和应用将优化甚至重塑数据治理过程，在数据采集、数据清洗、数据标注、数据安全与质量评估等方面发挥更加关键的作用，进一步为数据资源的高效利用

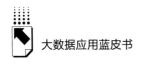

和价值创造提供新的动力。在此背景下，本文全面探讨了大模型技术在垂类语料数据治理中的实践应用，展示了大模型在当前数据治理中的巨大潜力。

（一）大模型技术的高效性与适用性

大模型技术在垂类语料数据治理各关键环节展现了卓越的效率。通过针对性的微调和集成外挂知识库，大模型能够迅速适应并满足垂直领域的专业需求，极大提升了数据处理的性能和响应速度。

（二）数据治理流程的自动化与智能化

大模型的集成推进了数据治理流程向自动化和智能化的转型，有效减少了对专业人员的依赖度，降低了治理成本，同时显著增强了数据处理的精确性和作业效率。

（三）跨学科协作的重要性

数据治理是一个多维度的领域，不仅包含技术层面的考量，还涉及业务、法律、伦理等多个方面。在垂类语料数据治理中，领域专家和数据治理专家的紧密合作显得尤为关键。这种跨学科的协作对于深入理解各领域需求、制定高效治理策略和流程至关重要。

（四）持续创新的驱动力

技术的持续进步要求数据治理实践不断适应新的挑战和把握新的机遇。持续不断的技术创新和方法论改进是确保数据治理实践能够持续保持其前沿性和有效性的关键因素。

可以预见，在不久的将来，人工智能会无处不在，未来的研究将探索如何进一步优化大模型对于数据的分析理解能力，提高精度和效率以及如何更好地整合来自不同行业和领域的标准和规则，使大模型适应更多的数据治理场景。

　　大模型技术在数据治理领域的发展和应用仍面临着算力资源挑战、模型"幻觉"等问题，这些问题未来将被逐一解决，并且为数据治理领域带来更加创新和高效的解决方案，推动数据治理实践向更高水平的标准化、自动化、智能化方向发展。

B.4
基于"AI+边缘计算"的电梯内电动车识别系统

汪　中*

摘　要：　随着城市化进程的加快，电动车在城市出行中扮演着越来越重要的角色。然而，电动车进入电梯入户充电存在巨大的安全隐患，容易发生爆炸并引发火灾，因此电动车在电梯入户充电检测场景中的安全性和效率备受关注。本文提出了一种基于"AI+边缘计算"的实时电动车识别系统，以应对电动车在电梯内带来的安全隐患。通过改进的YOLOv8深度学习模型和国产边缘计算设备RKNN3588s，本系统实现了电动车在电梯内的高效精准检测。自建数据集上的实验结果显示，模型的精确率达96.5%，召回率为86.3%，平均精度均值（mAP@0.5）为86.5%。该系统不仅提升了电梯内的安全监控水平，减少了人工监控成本，还为物业管理和电梯制造公司提供了可靠的技术解决方案，具有广阔的应用前景。

关键词：　电动车识别　人工智能　边缘计算　深度学习

一　引言

（一）研究背景

随着城市化进程的加快和生活方式的变化，电动车已经成为城市交通

---

*　汪中，博士（后），合肥师范学院计算机与人工智能学院教授，硕士生导师，主要研究方向为数据挖掘、人工智能。

的重要组成部分，也时常出现在高层住宅和商业建筑中。然而，电动车及其电池可能存在过热、自燃甚至爆炸的风险，尤其当它们被带入密闭空间如电梯时，这种风险将显著增加。近年来，全国范围内关于电动车引发的火灾事故频发，这些事故不仅造成了人员伤亡，也引起了人们对公共安全的广泛关注。

为了应对这一安全隐患，多地已经开始实施相关法规，禁止电动车进入电梯或在公共区域充电。尽管如此，依靠传统的人工监控和机械阻拦设施来执行这些规定，既不高效也不可靠。传统的电梯监控系统多依赖于人工盯防，缺乏实时处理和响应能力，无法有效地防止电动车进入电梯。此外，传感器技术虽能识别电动车的物理特征，但由于电动车种类众多且外形材质各异，因此传感器在实际应用中的误报率较高，影响电梯的正常使用。

（二）相关工作

针对电动车可能导致的电梯火灾风险，目前已有多种应对措施。如机械拦阻系统、传感器检测系统、传统视频监控方式、基于计算机视觉的智能检测系统以及边缘计算设备的应用。这些方法各有优劣，适用于不同的应用环境。

1. 机械拦阻系统

在电梯入口安装物理障碍，如金属护栏或门槛，以物理方式限制电动车进入电梯。这种方法简单且成本较低，但易于被绕过，且对于有合法需要将电动车带入建筑物内部的个体来说可能造成不便。[①]

2. 传感器检测系统

使用安装在电梯门口的传感器，如红外线、超声波或激光传感器，来检测和识别特定形状和大小的物体。这种技术能够在一定程度上防止电动车进

---

① 张文韬：《基于边缘计算的电动车入户充电检测方法研究》，硕士学位论文，安徽建筑大学，2021。

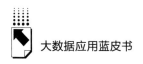

入电梯，但由于电动车的多样性和复杂性，传感器系统可能面临误识别和误报的问题，影响电梯的正常使用。①

3. 传统视频监控方式

通过监控电梯内的视频来人工识别违规物品。这种方法依赖于持续的人工监视，成本高且效率低，无法实现实时响应和处理。②

4. 基于计算机视觉的智能检测系统

利用计算机视觉技术结合人工智能算法，如改进的 MobileNet-SSD 和 YOLOv5，实现对电梯内电动车的自动识别。这些系统通过高清摄像头捕捉图像，然后利用训练好的深度学习模型进行实时分析，以识别电动车和其他物体。相比于传统的视频监控方法，这种智能系统可以大幅提高识别的准确性和效率，减少人力成本。③

5. 边缘计算设备的应用

通过将深度学习模型部署在边缘计算设备如 NVIDIA Jetson Nano 上，系统能在本地快速处理图像数据，无须将数据上传到云端，从而减少了数据传输带来的延迟和安全风险。这种方案不仅提高了系统的响应速度，也增强了数据处理的安全性。④

这些现有解决方案各有优势和局限。机械拦阻系统虽然简单，但易于被规避且影响美观；传感器检测系统尽管能自动工作，但在准确性和适应性上仍存在挑战；传统视频监控方式依赖人工，成本高且效率低；基于计算机视觉的智能检测系统和边缘计算设备提供了更为高效和安全的解决方案，能够满足实时、准确、自动化的需求，是目前最有前景的技术方向。这些智能系

① 尹欣洁：《基于 PCNN 的电梯内电瓶车识别关键技术研究》，硕士学位论文，河北地质大学，2022。

② 何比干：《基于深度学习和边缘计算技术的电梯轿厢电动车禁入系统》，《中国电梯》2023年第 11 期。

③ 章曙光、张文韬、刘洋等：《改进 MobileNet-SSD 的电梯内电动车识别方法》，《机械设计与制造》2024 年第 9 期，第 340~345 页。

④ 王忠峰、王小进、高鹏等：《面向车辆边缘计算的多目标任务卸载算法》，《铁路计算机应用》2024 年第 3 期。

统可以显著提高电梯安全管理的自动化和智能化水平，预防电动车引发的安全事故。

（三）痛点问题

1. 实时监控与快速响应

现有的机械拦阻和传统视频监控方式在电梯安全管理中存在显著的局限性，主要是缺乏实时处理和快速响应的能力。这导致了在紧急情况下无法有效阻止电动车进入电梯，增加了安全隐患。本文通过集成先进的计算机视觉技术和边缘计算平台，旨在提供即时的目标识别和响应，以确保电动车在尝试进入电梯时能被立即识别和制止。

2. 误识别率的降低

传感器检测系统由于技术限制，如电动车的多样性和环境因素的影响，往往面临较高的误识别率。这不仅影响电梯的正常使用，还可能导致安全事故。本文采用深度学习算法优化模型的识别准确性，减少误识别和误报，提高系统的可靠性。

3. 数据处理的安全与效率

依赖于云计算的解决方案在数据处理时可能面临延迟和数据安全问题。本文通过边缘计算设备本地处理数据，既减少了数据传输带来的延迟，又增强了数据的安全性，避免了敏感信息的泄露和被外部攻击的风险。

4. 成本与复杂性管理

初始部署和维护高性能系统通常伴随高成本和技术复杂性。本文设计时考虑到了成本效益比和用户友好性，致力于降低系统的整体部署和运维成本，同时确保技术的易用性和可维护性。

为了应对上述问题，开发一种基于人工智能和边缘计算的智能电梯电动车识别系统变得尤为重要。该系统能够实时准确地识别电动车，并与电梯控制系统相互配合，自动阻止电动车进入电梯轿厢，从而提高电梯的安全性和管理效率。利用先进的图像识别技术，该系统可以在电梯内部自动检测电动车，并采取必要的安全控制措施，有效降低电动车引发火灾的风险。

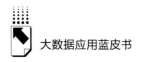
二 技术方案

（一）总体方案

电梯内电动车检测系统的总体架构如图 1 所示。该系统通过摄像头模块实时捕捉电梯内部图像，并利用部署在边缘计算设备平台上的检测算法，对电动车进行实时识别。一旦检测到电动车，硬件控制模块会通过控制电梯门的继电器来阻止其闭合，并播放预先录制的报警音频，防止电动车进入电梯。边缘智能平台将检测结果通过视频叠加流模块实时反馈给社区安全管理员。

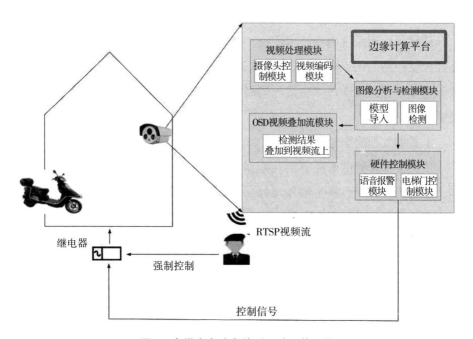

图 1　电梯内电动车检测系统总体架构

资料来源：作者自制。

为解决电动车电梯入户目标检测效率低的问题，本文基于深度学习，并将具有高速度和高精度的 YOLOv8 算法部署到国产边缘计算设备，用于电动车电梯入户的目标检测，主要工作如下。

第一，收集数据集，对自建数据集进行目标标注；第二，部署改进的YOLOv8模型，在服务器端进行模型训练，得到较好结果；第三，配置国产边缘计算鲁班板4（RKNN3588s）的深度学习环境；第四，将训练结果得到的YOLOv8.pt权重文件转换成ONNX格式，再将ONNX格式转换成RKNN格式，进而调用NPU对目标检测运行加速；第五，接入摄像头进行实时监控。

（二）系统模型

1. YOLOv8模型

YOLOv8的网络结构[1]分为三个部分：主干网络（backbone）、特征增强网络（neck）和检测头（head）。主干网络继续采用CSP架构，而特征增强网络则使用了PAN-FPN架构。在检测头部分，YOLOv8采用了解耦头代替传统的耦合头，将分类和回归任务分离为两个独立的分支，使每个任务更为专注，从而提高在复杂场景下的定位精度和分类准确性。此外，YOLOv8采用了Anchor-free目标检测方法，这是一种基于回归的检测方式，不需要预定义锚点框来预测目标位置。传统目标检测方法通常需要预先定义锚点框，这些锚点框用于目标位置预测的参考，但选择和调整锚点框比较烦琐，对于不同尺度和形状的目标，可能需要不同的锚点框。与此相比，YOLOv8的Anchor-free目标检测方法通过直接预测目标的位置和大小，使网络更快地聚焦到目标附近，使预测框更接近实际的边界框区域。YOLOv8网络模型结构如图2所示。

2. 损失函数

YOLOv8的损失函数由边界框定位损失、置信度损失和类别损失构成。2016年Jiahui Yu等人[2]提出了IOU损失，它比MSE损失更能有效反映边界

① Sun S., Mo B., Xu J., et al., "Multi-YOLOv8: An Infrared Moving Small Object Detection Model Based on YOLOv8 for Air Vehicle", *Neurocomputing*, 2024: 127685.

② Zhang H., Wang Y., Dayoub F., et al., "Varifocalnet: An Iou-aware Dense Object Detector", Proceedings of the IEEE/CVF Conference on Computer Vision and Pattern Recognition, 2021: 8514-8523.

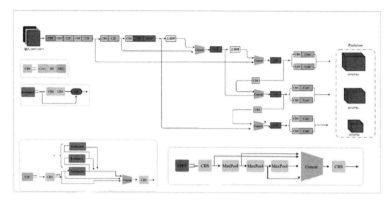

图 2　YOLOv8 网络结构

资料来源：作者自制。

框的重合程度，并且具备尺度不变性。2019 年，Zheng 等人[1]进一步提出了 DIOU 损失和 CIOU 损失。DIOU 损失在 IOU 损失的基础上增加了中心点归一化距离，从而提高了收敛速度和回归精度。CIOU 损失则是对 DIOU 损失的进一步改进，加入了长宽比参数，但没有考虑到边界框的形状和尺度对回归精度的影响。

为此，重新定义一个新的损失函数 CSIOU，包括 5 种几何参数，分别为重叠面积、中心点距离、长宽比、距离损失和宽高重合损失。具体计算公式如下所示。

$$L_{\mathrm{CSIoU}} = 1 - \mathrm{IoU} - (\frac{p^2(b, b^{gt})}{c^2} + \Delta + a_1 v_1 + a_2 * v_2)$$

其中：

$$\mathrm{IoU} = \frac{\mathrm{P} \cap \mathrm{G}}{\mathrm{P} \cup \mathrm{G}}$$

$$v_1 = \frac{4}{\pi^2} \left[\arctan\left(\frac{w^{gt}}{h^{gt}}\right) - \arctan\left(\frac{w}{h}\right) \right]^2$$

---

[1]　Zheng Z., Wang P., Liu W., et al., "Distance-IoU Loss: Faster and Better Learning for Bounding Box Regression", Proceedings of the AAAI Conference on Artificial Intelligence, 2020, 34 (07): 12993-13000.

$$a_1 = \frac{v}{(1 - IoU) + v}$$

$$\Delta = \Sigma_{t=x,y}(1 - e^{-rp_t})$$

$$p_x = \left(\frac{b_{cx}^{gt} - b_{cx}}{c_w}\right)^2, p_y = \left(\frac{b_{cy}^{gt} - b_{cy}}{c_h}\right)^2$$

$$r = 2 - \Lambda$$

$$a_2 = \frac{IoU}{((1 - IoU) + b)}$$

$$v_2 = \frac{(w^{gt} - w)^2}{w^{c^2}} + \frac{(h^{gt} - h)^2}{h^{c^2}}$$

其中，P 代表预测框，G 代表真实框，IoU 表示重叠面积；p^2 (b, b^{gt}) 表示预测框中心点坐标与真实框中心点坐标的欧式距离，c 表示覆盖预测框与真实框的最小外接边界框的对角线长度，$\frac{p^2(b, b^{gt})}{c^2}$ 反映的是中心点距离；v_1 表示预测框与真实框长宽比的一致性参数，反映长宽比，a_1 表示平衡参数。Δ 为距离损失公式，$(b_{cx}^{gt}, b_{cy}^{gt})$ 表示真实框中心点坐标，(b_{cx}, b_{cy}) 表示预测框中心点坐标，c_w 为真实框和预测框的宽度差，c_h 为真实框和预测框的高度差。v_2 为宽高重叠损失，a_2 表示宽高重合损失平衡参数。w^c 和 h^c 分别是覆盖预测框和目标框的最小外部矩形框的宽度和高度，w^{gt} 和 h^{gt} 分别是真实框的宽度和高度，w 和 h 分别是预测框的宽度和高度。

3. SD 注意力机制

通过 Transformer 编码[①]的启发，可以通过加权平均的方式将不同位置的信息进行聚合，从而更好地处理长距离依赖关系，提高目标定位和识别的准确性。因此，我们提出了一种新的注意力机制，命名为 SD，SD 的结构如图 3 所示，其过程如下。

---

① Han K., Xiao A., Wu E., et al., "Transformer in Transformer", *Advances in Neural Information Processing Systems*, 2021, 34: 15908-15919.

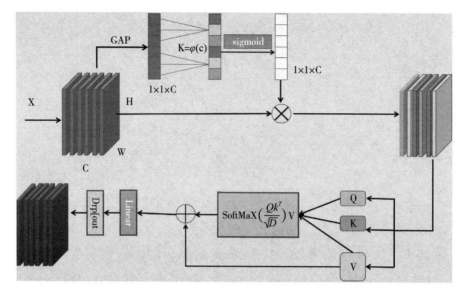

图3 SD注意力机制模块

资料来源：作者自制。

其中，H 为输入图像的高度，W 为输入图像的宽度，C 为特征图通道数。首先通过全局平均池化（GAP）对特征图进行压缩；然后采用自适应选择卷积核大小为 K 的一维卷积代替两层全连接层，以确定跨通道信息交流的覆盖范围；接着，通过 sigmoid 函数对得到的特征进行归一化，从而获得各个通道的权重 ω，其公式如下：

$$\omega = \sigma\left[C1D_k(y)\right]$$

这种方法有助于模型捕捉输入特征之间的非线性关系，提升模型的表示能力。最后，将权重与未压缩的原始特征图相乘，完成特征图的重新校准，能够选择性地强调重要特征并抑制无用特征。一维卷积核的大小 K 与通道数 C 成正比，其映射关系为：

$$k = \varphi(C) = \left|\frac{\log_2(C)+b}{\gamma}\right|$$

映射参数 $\gamma = 2$ 和 $b = 1$ 为 ECA 中取得的经验值。

输入序列经过一个线性变换后得到一个维度为 d 的输出特征向量，可以将其分别与权重矩阵相乘，得到三个表示矩阵，分别为 Query 矩阵 Q，Key 矩阵 K 和 Value 矩阵 V。接着通过计算查询（Query）和键（Key）之间的相似度，来为每个值（Value）分配一个注意力权重。我们使用点积来计算，然后通过 Softmax 函数进行归一化。Transformer 编码是我们使用的主要部分，其核心操作是自注意机制。自注意机制通过为输入信息分配不同的权重来聚合信息，这实际上是一种"加权平均"的方法。对于一系列 N 个查询，它们的注意力输出可以通过以下矩阵计算得出：

$$\mathrm{Attention} = (Q, K, V) = \mathrm{Softmax}\left(\frac{QK^T}{\sqrt{D}}\right)V$$

对于给定的查询向量 Q，通过内积计算得到与 K 个键向量的匹配分数，再通过 Softmax 函数对这些分数进行归一化，以获得 K 个权值。最终的注意力输出是 K 个值向量的加权平均值。这里，D 是 Q 和 V 的缩放因子。缩放因子的作用是通过将内积结果除以一个较大的数值，从而缩放注意力权重，以控制注意力权重的分布范围，避免在高维度情况下出现梯度消失或梯度爆炸的问题。通过使用缩放因子，注意力权重能够保持在较小且稳定的范围内，从而提升模型的训练效果和泛化能力。

得到的特征在经过 Linear 和 Dropout 层的处理之后呈现输出的特征，Dropout 通过随机地丢弃神经元的输出，减少模型的复杂性，增加泛化能力，防止过拟合和共适应问题，同时鼓励特征的独立性学习。在后一部分，将输入序列转化为查询、键和值，并通过计算查询与键之间的相似度，得到注意力权重，进而对值进行加权求和，从而实现了对输入序列的关注和重要性排序。这样可以使模型更加灵活地处理不同的输入数据，提取出关键信息，将不同位置的信息进行聚合，从而更好地处理长距离依赖关系，提高目标定位和识别的准确性。

4. Neck 部分

在 Neck 部分，分别引入了 2 层空间金字塔 SPPCSPC 模块和 3 个 PConv

模块。YOLOv7 的 SPPCSPC 模块[①]是指 Spatial Pyramid Pooling（SPP）和 Cross Stage Partial Connections（CSPC）结合的模块。SPP 是一种空间金字塔池化方法，能够在不同的尺度上提取特征，并且不会改变特征图的大小。CSPC 是一种跨阶段部分连接方法，能够在每个阶段之间共享信息，从而减少网络的计算量。SPPCSPC 模块结构如图 4 所示。

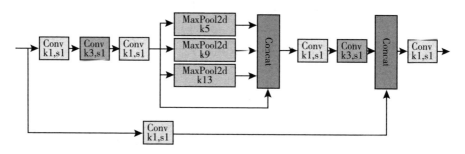

图 4　SPPCSPC 结构

资料来源：作者自制。

在已有的许多工作中，在模型中加入检测层或者注意力机制等，降低小物体的漏检率，是一种有效的改进方法。然而，这种方法会使模型结构复杂化，增加计算和存储资源的消耗。为了解决这一问题，进入三个检测头之前加入了部分卷积（PConv），提高了小物体的检测精度，同时减少了对资源的过度消耗。

在改进模型中，使用了添加 SPPCSPC 和 PConv 模块的 Neck 结构，这显著提升了电梯内电动车识别的效果。通过这种组合，模型能够对每张图片进行多角度和多尺度的特征提取，更加精确地关注目标行为。同时，这种结构减少了冗余计算和内存访问，提高了空间特征的提取效率，从而提升了模型的精度。

---

① Wang C. Y., Bochkovskiy A., Liao H. Y. M., "YOLOv7: Trainable Bag-of-freebies Sets New State-of-the-art for Real-time Object Detectors", Proceedings of the IEEE/CVF Conference on Computer Vision and Pattern Recognition. 2023: 7464-7475.

三 系统实现

（一）数据集

数据一直以来与计算力和算法相互依存，相互促进。目前，获取电梯应用场景下的电动车数据集比较困难，网上公开的数据集存在数量不足、种类不全和标注不准确的问题。因此，我们决定自行构建数据集来进行模型训练和测试。由于电梯摄像头采集的图像数据受安装位置和角度影响，可能导致轿厢内目标的出现频率、姿态和比例存在较大差异。为提高数据集的丰富性和完整性，在采集电梯监控图像时充分考虑了多种不同的监控视角。通过安装在电梯轿厢顶部的摄像头，捕捉电动车、行人和自行车进出的视频片段，截取电梯门开启、关闭及运行时乘客推行电动车、自行车进出的连续图像。在数据采集的基础上，通过手工标注将收集到的 7000 张图像转化为标注数据集。标注工具选用开源的 Labelimg，它基于 Python 语言开发，使用 Qt 作为图形界面框架。标注时生成 5 类标签的 XML 文件，文件中包含图像信息（宽度、高度和深度）以及标注矩形框的坐标位置信息，然后将 XML 文件转换为 YOLOv8 目标检测算法支持的 TXT 格式。

经过上述数据采集和标注，得到了一个包含 7664 张图像的数据集，共分为 5 个不同的类别。将标注后的数据集按照 4 : 1 的比例随机划分为训练集（6131 张图像）和测试集（1533 张图像），并统计出数据集中 5 种不同物体类别标签的分布情况。这些标签在训练集和验证集中的分布数量达到了预期目标，其中电动车的标签数量最多。部分数据集样例如图 5 所示。

（二）硬件设备

随着 AI 技术在各个行业快速发展，从云端部署到实际应用场景的过程中出现了隐私保护、通信延时、成本等问题。将 AI 技术和嵌入式系统结合，构建边缘计算成为当前技术热点之一。但很多流行 AI 算法需要很多的算力

图 5　数据集样例

资料来源：作者自制。

和存储，对于嵌入式设备的算力、功耗有较高的要求，随着 AI 处理器芯片的研发，实现复杂的 AI 算法有很多方式成为可能。目前嵌入式实现 AI 的方式有：基于现有的嵌入式处理器对算法进行优化，基于 GPU 多处理器或者基于专门的运算加速单元等，这些方式有各自的优缺点，须根据实际应用领域选择不同方案。

鲁班猫 RK 系列板卡是一款基于瑞芯微处理器设计的低功耗、高性能单板电脑，保留了丰富的硬件资源，并在优化成本的同时，提供了尽可能多的外设功能，适用于各种应用场景。本实验中使用的 LubanCat-4 板卡搭载了瑞芯微 RK3588S 处理器，如图 6 所示。该处理器采用 8 核 64 位架构，包含 4 个 Cortex-A76 核心和 4 个 Cortex-A55 核心，并配有独立的 NPU，提供高达 6T 的算力。NPU 专门用于加速神经网络处理，适用于机器视觉和自然语言处理等人工智能领域。随着人工智能应用的不断扩展，该处理器还支持面部跟踪、手势和身体跟踪、图像分类、视频监控、自动语音识别（ASR）以及高级驾驶员辅助系统（ADAS）等功能。

此外，处理器集成了单独的 NEON 协处理器，大核最高支持 2.4GHz，小核最高支持 1.8GHz，完全实现了 ARM 架构 v8-A 指令集。ARM Neon Advanced SIMD（单指令多数据）支持加速媒体和信号处理。该板卡支持多种深度学习框架和计算机视觉库，如 TensorFlow，PyTorch，ONNX 和

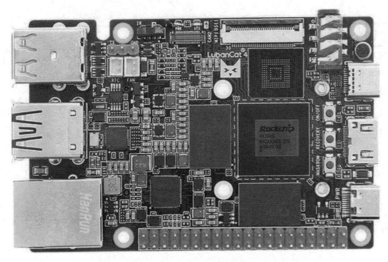

图 6　硬件开发板

资料来源：作者自制。

OpenCV，能够高效处理图像、分析视频和识别语音。其低功耗和小体积的特性使其特别适合嵌入式应用场景，使边缘设备具备更智能和高效的处理能力。表 1 列出了硬件开发板的所有硬件资源。

表 1　LubanCat-4 板卡硬件资源

板卡名称	LubanCat-4
电源接口	Type-C5V@4A 直流输入
主芯片	RK3588S(四核 A76+四核 A55、Mali-G610、6T 算力)
内存	LPDDR4X-4/8GB
存储	eMMC-32/64/128GB
以太网	10/100/1000M 自适应以太网口
USB2.0	Type-A 接口 x3(HOST)
USB3.0	Type-A 接口 x1(HOST)
USB3.0	Type-C 接口 x1(OTG)，固件烧录接口，DP 显示(支持与其他屏幕进行多屏异显)
音频接口	耳机输出+麦克风输入 2 合 1 接口
40Pin 接口	兼容树莓派 40Pin 接口，支持 PWM，GPIO，I2C，SPI，UART 功能

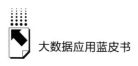
板卡名称	LubanCat-4
MINI-PCIE 接口	可配合全高或半高的 WIFI 网卡、4G 模块或其他 MINI-PCIE 接口模块使用
SIM 卡接口	需要搭配 4G 模块使用
HDMI2.1	显示器接口,支持与其他屏幕进行多屏异显
MIPI-DSI	2xMIPI 屏幕接口,支持与其他屏幕进行多屏异显
MIPI-CSI	3x 摄像头接口
TF 卡座	支持 TF 卡启动系统,最高支持 512GB
红外接收	支持红外遥控
RTC 电池接口	支持 RTC 功能
风扇接口	支持安装风扇散热

资料来源:作者自制。

(三)软件设计

1. 软件模块

使用 PyQt5 设计和实现电梯内电动车检测系统的软件界面。该系统利用 YOLOv8 模型对电梯内的电动车进行检测,并通过图形用户界面(GUI)显示结果,主要包括实时视频流捕获、目标检测、结果展示和数据记录四个核心功能模块。

(1)视频流捕获模块

视频流捕获模块是系统的视觉入口,负责从电梯内安装的摄像头实时捕获视频流。该模块使用 OpenCV 库连接摄像头设备,实时获取图像数据流,并对图像进行预处理,如分辨率调整和格式转换,以适配后续的目标检测模块。此外,该模块还负责管理摄像头资源,确保在系统关闭时正确释放资源,避免内存泄漏。

(2)目标检测模块

目标检测模块是智能分析的核心,它集成了 YOLOv8 模型,能够在电梯内的视频流中识别和定位电动车和人员。该模块不仅处理视频帧进行目标检测,还进行目标跟踪,以在视频流中连续追踪检测到的目标。它提供了模型训练和更新的接口，确保检测能力能跟上目标特性的变化。为了提升检测的准确性，该模块还需要进行不断的优化和更新。

（3）结果展示模块

结果展示模块将检测结果以直观的方式呈现给操作人员。通过 PyQt5 构建的 GUI，该模块在主界面上实时展示视频流，并在检测到的目标周围绘制边界框，清楚地标识出每个目标的类别和 ID。此外，展示模块还提供了一个实时更新的检测日志，记录检测时间、目标类型等信息，便于用户监控和历史数据回溯。

（4）数据记录模块

数据记录模块负责收集、存储和管理检测数据。该模块采用数据库来存储每个检测到的目标的详细信息，包括时间戳、位置、类别和任何跟踪的元数据。它支持高效的数据检索，方便用户查询历史检测结果，并支持数据的导出功能，以便进一步分析或备份。考虑到数据安全，该模块实现了用户访问控制，以防未经授权的数据访问或修改。

2. 用户界面

（1）主界面

主界面是用户与系统交互的窗口，设计上追求直观和高效。主界面分为几个区域，包括视频监控区域、实时检测结果列表、操作按钮集和状态栏。每个区域都通过精心布局来优化用户体验，确保信息的易读性和操作的便捷性。主界面如图 7 所示。

（2）控制面板

控制面板提供了系统操作的直接控制接口。操作按钮简洁明了，如"开始监控""停止监控""设置"等，每个按钮都配有图标和文字说明，易于理解和操作。面板还包括实时监控的功能切换，例如打开/关闭声音警报、设置检测敏感度等。

（3）状态信息栏

状态信息栏实时显示系统的运行状态，包括当前监控状态、系统健康状况、网络连接状态以及检测模型的加载情况等。状态栏的设计注重即时性和

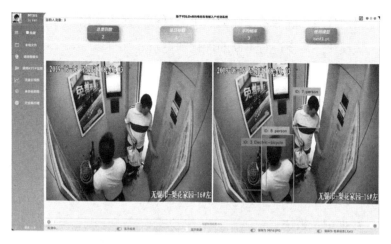

图7 电梯内电动车检测系统软件主界面

资料来源：作者自制。

准确性，为操作人员提供了一个随时可查的系统监控仪表盘。

（4）历史记录界面

历史记录界面允许用户访问和分析过往的监控数据。用户可以根据日期、时间或检测类型来筛选特定的事件。该界面设计了清晰的时间线视图和搜索功能，使得用户能够快速找到感兴趣的事件，并查看相关的视频片段或统计数据。

四 结果分析

（一）训练结果

采用精确率、召回率、Average Precision（AP）、Mean Average Precision（mAP）作为模型精度评估指标，其中 AP 表示 PR 曲线下的面积，mAP 表示每个类别 AP 的均值。具体公式如下：

$$P = \frac{TP}{TP + FP}$$

$$R = \frac{TP}{TP + FN}$$

$$AP = \frac{\sum P}{Num(objects)}$$

$$mAP = \frac{\sum AP}{Num(class)}$$

其中，TP 是表示被正确预测类预测为正确类别数，FN 表示将正确类别预测为负类别数，FP 表示将负类别预测为正确类别数。

本实验使用自建数据集，并在改进的 YOLOv8 目标检测算法上进行了检测，其结果如表 2 所示。根据表 2，模型的精确率（P）为 96.5%，召回率（R）为 86.3%，平均精度均值（mAP@0.5）为 86.5%。该模型的整体精度达到了工程部署的要求，其中电动车的检测平均精度为 84.8%。

表2　电动车识别检测结果

类别	P	R	mAP@0.5
Electric-bicycle	99.3%	87.4%	84.8%
Person	99.3%	89.7%	86.3%
Bicycle	97.7%	98.4%	93.3%
Baby-carriage	93.4%	95.5%	87.0%
Wheelchair	93.0%	61.1%	81.3%
All	96.5%	86.3%	86.5%

资料来源：作者自制。

所有模型的输入图像大小均为 640×640。AP 值可以更全面地反映精确率与召回率之间的关系，实际上，AP 值是 PR 曲线与坐标轴围成的面积。面积越大，表示 AP 值越高，即模型对该类物体的检测精度越高。此结果满足部署在边缘计算设备上的精度要求。YOLOv8 对各类物体的 PR 曲线如图 8 所示。

（二）模型转换

从上述 Pytorch 实验得到的 best.pt 文件通过下面的命令行导出：

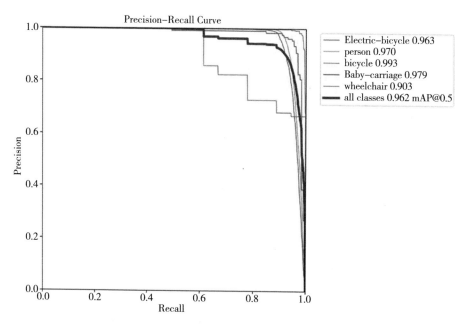

图8 YOLOv8 模型对 5 类目标的 PR 曲线

资料来源：作者自制。

#命令导出 onnx：

mode＝YOLO（'best. pt'）

model. export（format＝'onnx'，simplify＝True，opset＝12）

最后将得到的 onnx 经过相应分类和回归的节点裁剪后转换成 RKNN 模型部署在 LubanCat4 上进行模型推理。裁剪节点如图9所示。

在将模型从 PyTorch（PT）格式转换为 ONNX 再转换为 RKNN 文件的过程中，文件大小减小的原因主要包括优化压缩算法、硬件特化以及精简不必要的层和参数。首先，ONNX 和 RKNN 采用了更高效的压缩算法和优化技术，去除了模型中的冗余信息，使得文件更加紧凑。其次，RKNN 文件可能针对特定硬件进行了优化，丢弃了与该硬件无关的信息，从而使文件减小并提高了模型在该硬件上的执行效率。此外，转换和优化过程中还识别并去除了模型中不必要的层和参数，进一步使文件减小。总的来说，通过

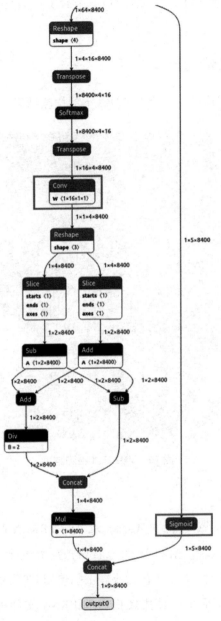

图 9　裁剪节点

资料来源：作者自制。

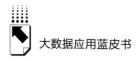

这些优化手段，模型文件变得更加紧凑，节省了存储空间，并且提高了推理速度和部署效率。

（三）检测结果

图 10 是在部署边缘计算后 YOLOv8 下的检测结果。

图 10 YOLOv8 检测结果

资料来源：作者自制。

为了验证边缘计算设备的有效性，对 PT 和 RKNN 两种不同文件格式进行视频检测和对比试验。由图 11 可以看出，在边缘计算设备上的 fps 表现明显优于使用 PT 文件在 PC 上的效果，上图使用 PT 文件运行在边缘计算设备中的 fps 为 0.80，而下图使用转换后的 RKNN 文件进行推理时的 fps 为 8.39，性能提升了约 10 倍之多。在边缘计算设备上使用经过优化的 RKNN 文件进行推理，性能获得大幅提升。这种性能提升是通过优化压缩算法、硬件特化以及精简不必要的层和参数来实现的。这种转换和优化过程使得模型在边缘计算设备上的性能得到显著提升，适用于资源受限的环境，提高了模型的部署效率和推理速度，从而更适合于边缘计算环境下的应用。

图 11 PT 和 RKNN 两种不同文件格式在视频检测下的速度比较结果

注：（上图）文件进行测试；（下图）rknn 文件继续推理。
资料来源：作者自制。

B.5

美团外卖在隐私计算方面的探索与实践

黄坤 余杨 张波*

摘　要： 数据安全和隐私保护已成为全球范围内广泛关注的焦点，保障个人信息安全与处理合规既是法律遵从的基本要求，也是保障企业未来数字化业务成功的基石。业界和学界广泛认同隐私计算作为平衡数据隐私保护与应用发展的技术可行解。本文对隐私计算的技术流派及各自特点进行了总结，从现行的法规约束下，结合美团外卖业务场景经过一系列探索，逐渐形成了具备隐私保护能力的 ToC "弱个性化" 和 ToB "跨域联合建模" 隐私计算能力矩阵，为业界在隐私保护技术上提供了解决范式参考：形成以差分隐私技术为核心的技术解决方案，针对日常数据处理过程中的隐私保护问题，实现个人信息使用程度的可控可量化；探索了无个性化和强个性化之间的中间态即匿名群组建模方案，在保护用户隐私的同时，满足业务发展的需求；构建跨域/机构安全数据流通底座，形成了联邦学习技术解决方案。

关键词： 隐私保护　差分隐私　联邦学习　群组建模

---

* 黄坤，美团技术专家，负责美团外卖零售品牌商算法、隐私计算相关工作，曾参与《APP 推荐算法用户权益保护技术要求及测评规范》《APP 自动化决策用户权益保护要求》《基于个人信息的自动化决策安全要求》等多项隐私相关标准起草工作；余杨，美团算法工程师，负责美团外卖境外广告商家端相关工作，曾参与推动美团外卖隐私计算相关工作落地；张波，美团高级技术专家，负责美团外卖境外广告算法相关工作，牵头并落地了美团外卖隐私计算平台，曾获得 CNCC2022 技术公益案例奖。

一 背景

（一）隐私保护的时代背景

数据安全和隐私保护已经成为全球范围内广泛关注的焦点。人工智能自动生成内容（AIGC）的流行虽然给生活带来了便利，但同时也存在数据安全隐患，OpenAI 因涉嫌违反欧盟隐私法规屡遭投诉。这一事件再次提醒人们，在开发和利用数据价值的同时，必须尊重用户隐私以及保护数据安全。随着国内《网络安全法》《数据安全法》《个人信息保护法》"三驾马车"相继落地，数据相关立法的顶层设计逐步完善。倡导数据依法合理有效利用，同时也鼓励通过技术和业务创新来实现数据安全、隐私合规与应用发展的平衡。如何把握好数据安全、隐私保护与数据开发利用之间的平衡点，实现数据价值释放过程中数据安全合规与发展的均衡治理，成为当下广泛关注的课题。

（二）面向数据全生命周期的隐私保护

美团外卖作为中国最大的外卖 O2O 平台，每天服务上亿交易用户，面临着海量数据的应用和管理。作为数据的收集方和使用方，美团高度重视数据安全和隐私保护，在数据全生命周期中贯穿着保障措施，为用户提供基于海量数据的便捷服务。数据全生命周期涵盖了采集、传输、存储、加工、使用、共享和删除多个阶段。为了保障数据的安全性，美团建立了严格的数据分类分级、数据最小化原则等管理规范制度，同时采用了先进的数据安全技术，全面贯穿于整个数据流程（见图 1）。在和算法自动化决策相关的数据加工、使用和共享阶段，美团外卖通过隐私计算能力建设，进一步构建安全可靠和隐私增强的算法运行环境，为日常数据活动和算法决策活动保驾护航。

加工（ToC）：通过符合隐私安全的数据预处理、特征提取和标签构建等方式，生成模型训练所需的样本特征。保证数据加工过程中不存在任何隐

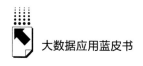

私风险，并严格保护用户隐私。

使用（ToC）：针对自动化决策服务场景通过数据匿名化等技术重构训练数据集，基于隐私增强后的训练集进行模型训练并投入使用，能够提供不针对用户个人特征的决策能力。

共享（ToB）：通过建立安全的数据共享协议、加密数据传输通道等手段，保证不同部门或企业间数据的流通安全性，确保敏感数据不会被泄露、篡改或滥用。

图1　面向数据全生命周期隐私增强

资料来源：作者自制。

（三）问题挑战驱动模式创新

从现行的顶层法规精神出发，企业发展主要面临以下挑战：

• 数据活动和算法决策活动过程中需要充分保护用户隐私，避免隐私泄露风险。

• 《个人信息保护法》需要平台为用户提供不针对个人特征的选项或者便捷的拒绝方式。在此背景下，企业需要寻求既能够满足隐私安全，又能够保持业务发展和用户体验的中间解决方案。

• 数据价值驱动的数据流通共享场景愈加频繁，如何构筑数据流通安全底座激发数据价值也是企业所面临的重要挑战。

面对以上问题挑战，美团外卖经过一系列探索，逐渐形成了具备隐私保护能力的ToC"弱个性化"和ToB"跨域联合建模"隐私计算能力矩阵。ToC场景下，通过"弱个性化"技术方案，保障用户数据隐私的同时尽可能地改善用户体验。ToB场景下，通过提供安全"跨域联合建模"技术方案，能够实现不同机构间数据安全流通，进一步激发数据价值。

二 业界隐私计算技术探索

为了实现数据安全与发展的平衡，数据安全技术与大数据应用业务模式的创新至关重要。当前，业界和学界广泛认同隐私计算将成为平衡数据隐私保护与应用发展的关键技术（见图2）。隐私计算最早于2015年提出，其定义为：面向隐私信息全生命周期保护的计算理论和方法，是隐私信息的所有权、管理权和使用权分离时隐私度量、隐私泄露代价、隐私保护与隐私分析复杂性的可计算模型与公理化系统。[①] 隐私计算本质上是在保证数据提供方不泄露原始数据的前提下，对数据进行开发利用的一系列技术。

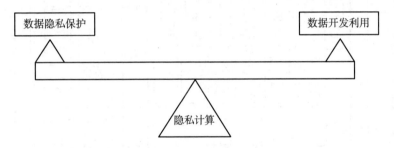

图2 隐私计算平衡数据安全与数据应用发展

资料来源：作者自制。

近年来，随着用户个人隐私意识的日益增强及国家对数据隐私保护法规的完善，业界和学界已经对隐私计算技术进行了广泛的探索，形成了四大技术流派（见图3），包括数据匿名化（Data Anonymization）、安全多方计算（Secure Multi-Party Computation，MPC）、联邦学习（Federated Learning，FL）和可信执行环境（Trusted Execution Environment，TEE）。这些技术都有其独特的优缺点，在实现数据隐私保护与数据应用开发过程中发挥着重要的作用。现有各技术流派的特点及适合场景如表1所示。

[①] 李凤华、李晖、贾焰、俞能海、翁健：《隐私计算研究范畴及发展趋势》，《通信学报》2016年第4期。

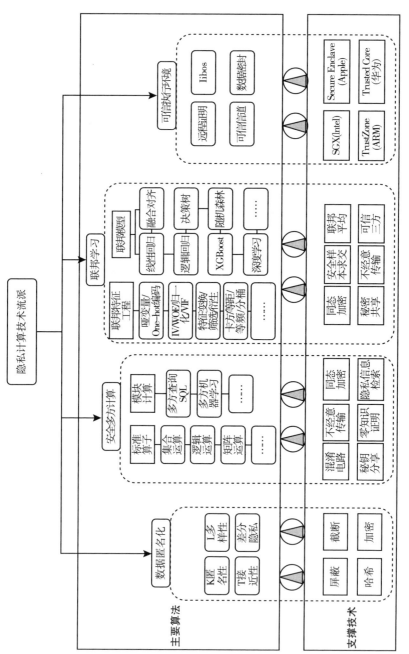

图 3　隐私计算技术流派

资料来源：作者自制。

数据匿名化技术是一个从数据层面进行隐私保护的技术；经过匿名化处理的数据无法与任何个人关联到一起。其特点是：基于原始数据进行操作计算开销非常小，也没有额外的通信量，性能和明文计算相似。缺点是：隐私保护程度和数据统计准确性往往成反比，对于某些需要高准确度的场景不合适。适合场景如下：对外数据发布、非高准确度场景联合建模。

安全多方计算可以让数据拥有者在不泄露原始数据的情况下进行协同计算的技术，通过对计算参与方所拥有的数据进行处理或者加密，使得一方无法获得其他参与计算方的原始数据。其特点是：多方协同计算、各方原始数据经过混淆操作后，能够严格保证数据持有方的数据安全；安全算子库能够满足算术、逻辑操作，通用性较高。缺点是：多方协同通信开销、加密开销大，一些安全算子计算性能低下；对于复杂模型的支持度很低，仅能够支持简单模型。适合场景如下：联合统计、联合查询、简单建模。

联邦学习是指由多个数据持有方共同参与，在保证各自原始数据不出安全控制范围的前提下使用机器学习进行协作建模的技术架构。其特点是：通过数据不出本地来保证数据安全（朴素联邦），中间结果可以通过同态加密、秘密分享等技术来保证数据隐私。对于模型支持度较高，联合建模场景应用广泛。缺点是：基于同态加密的实现方式性能仍然存在瓶颈。适合场景如下：联合建模，比如金融联合风控、反欺诈、媒体-电商联合营销。

可信执行环境主要通过硬件环境技术，来实现执行代码和数据的隐私安全的技术。其特点是：通过底层硬件保证数据和执行程序的隐私安全，一旦部署成功，应用开发无须额外成本；通用性高、性能高。缺点是：开发和部署难度大、成本高，需要信任硬件厂商。适合场景如下：云服务。

针对现有的技术流派，总结其特点以及适合场景，如表1所示。

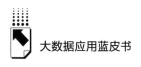

表1　隐私计算各技术流派特点总结

技术方案	安全级别	性能	可信方	计算模式	硬件依赖	通用性	技术成熟度	主要落地场景
数据匿名化	低	高	不需要	中心化-去中心化均可	无	中	成熟	对外数据发布、差分隐私技术也可用于联合建模
安全多方计算	高	低	不需要	去中心化	无	高	成熟	联合统计、联合查询、简单建模
联邦学习	中	中~高	均可	去中心化	无	主要用于AI模型训练和预测	快速增长的技术创新阶段	联合建模
可信计算环境	低	高	需要	中心化	有	高	快速增长的技术创新阶段	可信云

资料来源：作者自制。

从中可以看出，不同技术流派各有侧重点和适用场景，需要根据业务特点、安全级别需求、实施难度等合理进行技术选型。

三　美团外卖隐私计算建设思路

根据当前业界的隐私计算技术路线和美团外卖所面临的问题和挑战，美团外卖确定了三个核心要点来建设隐私计算体系。一是基于数据模糊化技术，重构个人用户数据的安全流通范式，减少数据泄露和滥用风险，从而保护用户隐私。二是探索无个性化和强个性化的中间态，即弱个性化，使用户在数据使用过程中得到更好的隐私保护，并同时满足业务发展的需求。三是构建跨公司、部门的安全数据流通底座，采用数据分离联合建模的范式，打破数据孤岛/群岛的现象，激发数据价值的释放，实现数据的合理利用。

（一）美团外卖隐私计算技术图谱

基于以上三个核心要点，构建美团外卖隐私计算技术图谱（见图4）。

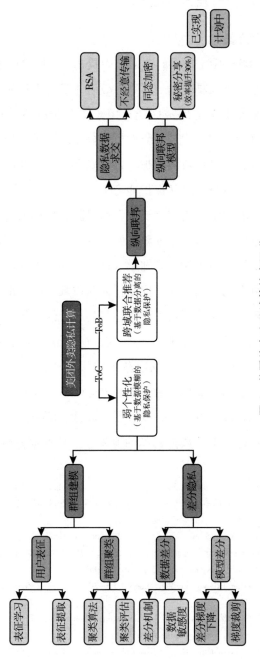

图 4 美团外卖隐私计算技术图谱

资料来源：作者自制。

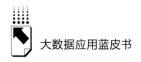
（二）"匿迹隐形"——差分隐私技术

1. 差分隐私的概念背景

差分隐私最早于 2006 年由 Dwork 在论文中提出[1]，起初用于诸如用户调研等领域对用户回答进行加噪扰动，可以有效防止研究人员从查询接口中找出自然人的个人隐私数据，随后被广泛运用于诸多领域下的隐私保护研究。差分隐私基于噪声扰动的方式带来数据概率分布的混淆，相比于大多数加密技术需要消耗大量算力进行数值保护，差分隐私的算力开销极小，并且在更加灵活的层面上评估自身的隐私保护能力。

差分隐私具有完备的数学理论作为支撑，通过隐私预算量化了隐私保护强度与隐私损失。其本质是为数据添加随机的干扰信息，虽然破坏数据点但保留了整个数据集的属性。由于建模者知道这种随机性，因此仍可以构建较为准确的模型，提供可靠的预测结果。但是任何窃取数据的人都不知道任何个人数据记录是否准确，从而达到数据可用性与隐私性的平衡。

差分隐私的研究主要集中在数据发布、数据挖掘以及数据库查询等方面，在谷歌[2]、苹果[3]、微软[4]等公司均有落地应用。从数据保护的位置来看，差分隐私可分为以下两种类型。一是中心差分隐私。存在一个可信数据第三方对数据进行统一管理，可被允许查看所有数据。所要保证的是可信数据第三方公布的结果不造成单一数据隐私的泄露。二是本地差分隐私。[5] 不

① Dwork, C., McSherry, F., Nissim, K., & Smith, A., "Calibrating Noise to Sensitivity in Private Data Analysis", in Theory of Cryptography Conference, Springer, Berlin, Heidelberg, March2006, pp. 265–284.

② Erlingsson, Ú., Pihur, V., & Korolova, A., "Rappor: Randomized Aggregatable Privacy-preserving Ordinal Response", in Proceedings of the 2014 ACM SIGSAC Conference on Computer and Communications Security November 2014, pp. 1054–1067.

③ WWDC 2016, Engineering Privacy for Your Users, June2016, https://developer.apple.com/videos/play/wwdc2016/709/.

④ Ding, B., Kulkarni, J., & Yekhanin, S., "Collecting Telemetry Data Privately", *Advances in Neural Information Processing Systems*, June 2016, 30.

⑤ Kairouz, P., Oh, S., Viswanath, P., "Extremal Mechanisms for Local Differential Privacy", *Advances in Neural Information Processing Systems*, 2014, 27.

存在一个可信数据第三方，每条数据作为独立的数据监管方独立地进行噪声扰动保护隐私。

根据需要保护的数据类型不同，所引入的差分隐私算法亦不相同。通常有以下常见的四种差分隐私算法。一是拉普拉斯算法，即在原始数值基础上加入拉普拉斯分布的噪声，噪声强度与数据分布以及用于控制隐私保护强度的隐私超参数有关。结果所得值的概率满足拉普拉斯分布。二是高斯算法[1]，即在原始数值基础上加入高斯分布的噪声，不同于拉普拉斯算法，结果所得值有极小概率不满足严格隐私预算限制，但噪声强度弱于拉普拉斯噪声，数据可用性更强。三是指数机制[2]：将原有离散值加噪扰动，对每一个可能的输出值进行打分评估。之后根据得分以指数概率进行输出，对真值进行模糊，常被用于中心差分隐私。四是随机性回答机制[3]，即一种指数机制的真值得分为1，假值得分为0的特例，被用于本地差分隐私保护个体数据的机制。

2. 差分隐私落地方式

按照数据的采集、存储、使用阶段，差分隐私可以在不同阶段进行隐私保护，出于实现成本以及效果考虑，目前在数据使用阶段进行差分隐私，将差分能力集成至数据库查询以及算法平台（见图5）。

用户原始数据加噪（采集）：在用户端提供本地差分信息收集服务，对端上的数据进行扰动处理。苹果、谷歌、微软等公司采用了本地差分隐私的方式采集用户信息。

匿名化日志（存储）：将采集到的用户原始信息经过差分隐私处理后进

---

① Nikolov, A., Talwar, K., Zhang, L., "The Geometry of Differential Privacy: the Sparse and Approximate Cases", in Proceedings of the Forty-fifth Annual ACM Symposium on Theory of Computing, June 2013, pp. 351–360.

② McSherry, F., Talwar, K., "Mechanism Design via Differential Privacy" in 48th Annual IEEE Symposium on Foundations of Computer Science (FOCS'07), October 2007, pp. 94–103.

③ Cormode, G., Jha, S., Kulkarni, T., Li, N., Srivastava, D., Wang, T., "Privacy at Scale: Local Differential Privacy in Practice", in Proceedings of the 2018 International Conference on Management of Data, May 2018, pp. 1655–1658.

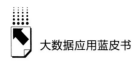
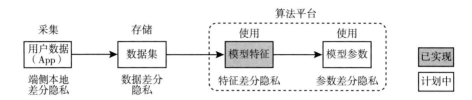

图5　基于差分隐私的模型特征隐私保护

资料来源：作者自制。

行存储。

特征加噪（使用）：在进行特征数据处理分析时会接触到大量用户特征，即使经过去标识化，还是有可能通过数据链接攻击获取到部分用户的统计特征。在这里利用本地差分隐私技术，对特征进行加噪处理，使得数据处理者无法根据用户特征来识别个体信息。

数据统计查询（使用）：对用户数据进行统计查询的结果直接向客户返回，存在通过差分攻击从统计结果中获取个体信息的可能性。利用中心化差分隐私，以中间件的形式接收 SQL 统计查询请求，返回满足差分隐私的查询结果。

差分梯度下降（使用）：使用满足差分隐私的梯度下降方法（例如：DPSGD[①]），通过梯度裁剪以及添加噪声的方式，限制模型对于单一数据的敏感度，防止潜在攻击者根据模型逆推训练数据。

联邦学习梯度加噪（使用）：在深度学习模型中，可以从梯度反推出训练数据。利用本地差分隐私，将梯度加噪，在梯度求和过程中聚合原始梯度来对梯度进行保护。

在数据活动的上游阶段通过数据差分处理，能够有效保护数据在下游使用时不会暴露用户隐私。

---

① Abadi, M., Chu, A., Goodfellow, I., McMahan, H. B., Mironov, I., Talwar, K., Zhang L., "Deep Learning with Differential Privacy", in Proceedings of the 2016 ACM SIGSAC Conference on Computer and Communications Security, October 2016, pp. 308-318.

这里使用本地差分隐私方式在模型的特征样本生成阶段进行训练数据集处理，通过数据模糊化处理之后，一方面，数据接触者无法通过数据链接关联获取用户信息，起到保护用户隐私的作用，另一方面，经过扰动模糊化处理的用户特征使得算法一定程度上达到了不针对个人特征的决策特性即"弱个性化"。

（三）"藏人于群"——群组建模技术

1. 群组建模的背景

2021年实施的《个人信息保护法》规定，企业在进行自动化决策过程中应当提供不针对个人特征的选项，并且应允许用户关闭个性化开关。用户在关闭个性化开关后，平台通常采取完全不使用用户特征的热门推荐，属于一种"非零即一"的解决方案，对于用户体验以及业务发展来说都并非优化解。在隐私合规的前提保障下，考虑用户体验以及平台收益健康发展，寻求一种在完全无个性化与强个性化之间的一个柔性平衡点，即"弱个性化"推荐。[①] 匿名化是去身份识别机制常用的方法，是指隐藏或者模糊数据以达到隐私保护的目的，如同"把一粒沙子藏在沙漠里"就不会露馅。基于这个思想，通过安全的参数和算法体系来为用户生成群组标识，探索基于群组建模的弱个性化技术。利用K匿名和聚类技术，将具有相似性质（如消费频率、兴趣偏好）的用户个体分到同一群组中，通过群组标识特征代替用户个人信息特性，并据此来生成自动化决策模型。该技术能够保障用户隐私和数据安全，同时也能够提升用户体验和平台收益，进而在数据应用发展和安全保护之间取得平衡。此外，也为个性化服务需求不高的用户提供了一种可行的方案，最终实现了"以客户为本"的推荐服务。

---

① Epasto, A., Muñoz Medina, A., Avery, S., Bai, Y., Busa-Fekete, R., Carey, C. J., ...Wang, S., "Clustering for Private Interest-based Advertising", in Proceedings of the 27th ACM SIGKDD Conference on Knowledge Discovery & Data Mining, August 2021, pp. 2802–2810.

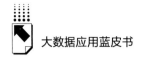

2. 群组建模三层架构

在结构上，群组建模可拆分为三层结构：数据层、算法层以及应用层（见图6）。

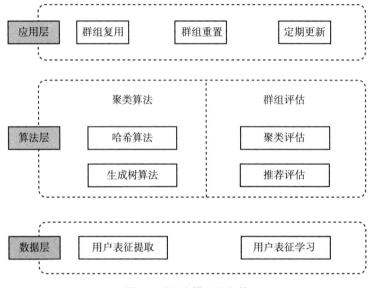

图6 群组建模三层架构

资料来源：作者自制。

第一层是数据层。用户兴趣的提取以及生成过程是后续聚类以及群组标识生成的基石。用户表征提取阶段需要从数据中挖掘用户兴趣偏好，为了能够完整刻画用户兴趣，这里使用用户在美团外卖的全场景交互行为数据作为兴趣数据源。用户表征学习基于用户兴趣数据源，通过表征学习方法获取用户兴趣表达作为后续聚类输入，表征学习方法可以结合需要进行选择，比如协同过滤、序列学习、图学习等。美团外卖场景下用户特征向量维度较大，为了不影响聚类效率，使用了变分自编码器（VAE）进行降维编码。

第二层是算法层。群组生成采用无监督的聚类技术，让具有相似表征的用户分配到同类中，并根据类簇对群组进行标识。同时建立群组评估体系，对聚类以及推荐任务进行评估。

聚类算法包括哈希算法、PrefixLSH 和图层次聚类算法。哈希算法将用户向量映射到"哈希桶"中，相似向量更易被划为同一哈希桶完成聚类过程，映射过程采用单位随机哈希矩阵进行映射。聚类完成后，将不满足 K 匿名的群组进行筛选并进行合并或者抛弃，最终使得全部群组满足 K 匿名。PrefixLSH 针对哈希算法本身无法感知类簇人数，将具有相同前缀的哈希码进行合并。具有相似前缀的哈希码的空间是相近的，其中样本相似度更接近。我们将不满足 K 匿名的群组进行前缀合并，直至找到样本数量大于 K 的空间为止，完成聚类，全部群组满足 K 匿名。图层次聚类算法针对哈希算法没有考虑用户表征的内在分布，其聚类结果与初始的随机生成矩阵相关，聚类效果不稳定。当初始矩阵生成和用户表征分布相差过大时，效果较差。利用局部敏感哈希算法生成用户相似度图，在相似表征用户之间建立边连接。然后利用 Borvuka 最小生成树算法将具有边相连的用户合并生成子树。一条子树上的节点即为同一群组。在子树合并过程中，对子树的节点数量进行限制，子树节点大于上届阈值则不再合并，合并完成后，子树节点小于下届阈值则利用 Kmeans 方式寻找最近类簇中心，最终使得群组大小分布均衡。在聚类算法阶段，目标是尽可能保证群组簇内具有相似性，簇外具有区分度，这样最终学习到的群组标识既能够保证用户隐私又能够具备较好的"可用性"。

群组评估包括聚类评估和推荐评估。前者衡量聚类效果需要结合簇内内聚度与簇间分离度两种因素，通常使用轮廓系数（Silhouette Coefficient）来评估聚类效果优劣。然而其算法复杂度较高 O（N^2KD），在考虑到实验效率前提下，提出用另外两种聚类指标，即簇内余弦相似度和簇内平均间距来衡量聚类优劣。首先是簇内余弦相似度，即簇内用户向量与簇心向量的平均余弦相似度。然后是簇内平均间距，即簇内用户向量与簇心向量的平均距离。由于该指标仅需计算簇心与向量的距离，算法复杂度均为 O（ND），其中 N 为用户数，K 为类簇数，D 为向量维度，有效降低了时间成本。并且，通过实验发现，二者基本具有单调相关关系，故使用效率更高的簇内相似度作为群组评估指标。后者利用群组特征替代掉用户原有特征，与下游其他商

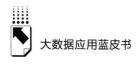

家特征（POI Embeddings）和上下文特征（Context Embeddings）一并作为
模型输入（见图7）。

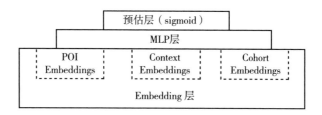

图7 基于群组特征的CTR预估模型结构

资料来源：作者自制。

第三层是应用层。群组复用指群组特征由用户全站交互信息学习得
到，能够表征用户的综合兴趣，因此可跨业务进行使用。定期更新指由于
用户兴趣迁移，定期对群组特征进行更新。群组重置指当更新群组特征
后，防止群组序列生成导致不满足K匿名机制，会将之前的群组特征进行
移除。

（四）"可用不可见"——纵向联邦学习

1. 纵向联邦学习简介

联邦学习（Federated Learning）最初由谷歌于2016年提出，旨在解
决移动设备之间（Cross Device）的分布式建模问题。其后在国内被引进，
并逐渐发展成为用来解决跨机构之间（Cross Silo）的合作建模问题。从
数据特征的角度来看，联邦学习可分为横向联邦学习、纵向联邦学习和
联邦迁移学习等几类。其中国内主要关注的是纵向联邦学习。在与其他
机构或平台合作时，用户在其他领域的数据是缺失的，而这些不同领域
的数据又是各方需保密的重要资产，这就是联邦学习范式下需要解决的
核心问题。

纵向联邦学习是针对这一问题的解决方案，通常包括以下两个步骤：

一是隐私集合求交。对参与计算的多方进行对齐，使得具有相同样本的不同特征域之间的样本得以对齐；同时保护各方相互独立的样本信息，不泄露不相交的样本信息。二是隐私模型计算。基于双方共同获得的对齐样本数据，利用各自的特征进行模型计算，同时不泄露各方的特征值与模型参数信息。

以两方计算为例（标识为 Leader/Follower），展示隐私集合求交、隐私模型计算的流程（见图 8）。

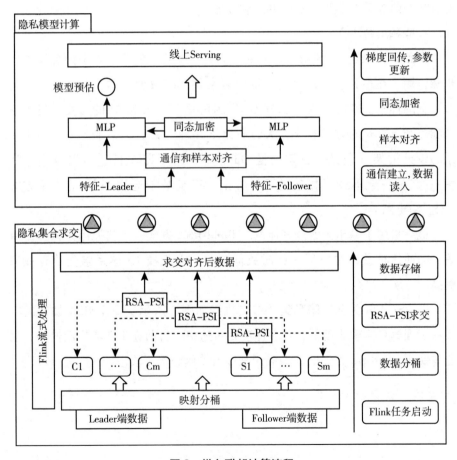

图 8　纵向联邦计算流程

资料来源：作者自制。

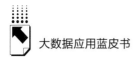

隐私集合求交：针对 Leader/Follower 端数据先映射分桶，不同分桶内执行 RSA-PSI[①] 求交算法，对齐同一请求 ID 的样本，RSA-PSI 求交能够保证不相交部分样本不暴露。

隐私模型计算：利用双方对齐后的样本拼接各自的特征体系，在建立通信和样本对齐的基础上，通过同态加密技术保证参数传输过程隐私安全，从而使模型正确训练。

通过隐私集合求交和隐私模型计算，能够在不互相暴露不相交样本、模型参数的前提下，实现数据的共享和互通。

2. 隐私集合求交

隐私集合求交（Private Set Intersection）是纵向联邦学习中的关键前置步骤，用于在多方联合计算前，找到多家共有的数据样本，并且不暴露各方独有的样本。在不互相暴露样本 ID 的情况下，求取 ID 的交集。目前集合隐私交集 PSI 的方案较多，大致有以下几种方案。一是基于公钥加密体系的设计框架（包括：密钥交换 Diffie-Hellman、RSA 盲签名以及同态加密）；二是基于不经意传输的 PSI 方案；三是基于通用 MPC 的 PSI 方案（如混淆电路）。

最终采用了基于公钥加密体系的 Blind-RSA 方案，主要原因是该方案有更少的通信轮数，对应通信耗时更低，对于大规模 ID 体系求交执行效率更高。

以 RSA-PSI 为例，隐私集合求交流程如图 9 所示。由于 RSA 加密的方案易于理解且实现难度低，计算速度相对适中，目前在工业界广泛使用，工业界使用 Blind-rsa 方案时，会应用全域哈希函数等手段。

---

① Cristofaro, E. D., Tsudik, G., "Practical Private Set Intersection Protocols with Linear Complexity", in International Conference on Financial Cryptography and Data Security, January 2010, Springer, Berlin, Heidelberg, pp. 143−159.

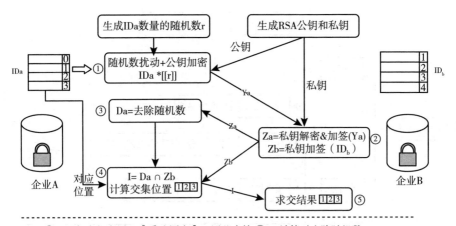

注：①RSA加密解密属于【乘法同态】，因此支持 ③ Da计算时去除随机数
②企业R的私钥【同时】应用于RSA解密和同态加密计算逻辑

图9　隐私集合求交流程

资料来源：作者自制。

四　美团外卖隐私计算工程落地

（一）差分隐私技术效果及探索

1.差分隐私架构

基于对数据模糊化的需求，在样本侧使用本地差分隐私算法进行加噪模糊，并设计如下架构（见图10）。

一是数据层。对于样本中的离散特征、连续特征进行分类并标识，同时计算数据敏感度（即数据阈值）。

二是差分层。分为中心差分隐私和本地差分隐私，在对样本进行保护时，使用本地差分隐私作用于单个样本并使用隐私预算和松弛系数来限制噪声强度。并且实现高斯机制、拉普拉斯机制、随机性回答机制、指数机制等差分隐私算法。

目前基于差分隐私的隐私计算能力通过 OP 算子已集成至美团外卖算法

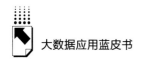

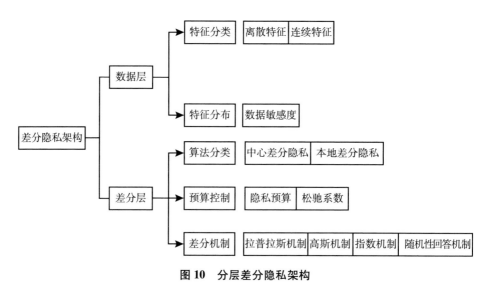

图10　分层差分隐私架构

资料来源：作者自制。

平台，服务于日常算法决策活动。

2.差分隐私实验效果

如表2所示，差分隐私离线实验效果随隐私预算发生变化。

表2　差分隐私离线实验效果与隐私预算变化关系

隐私预算	2	5	10	50	100	上界（无差分处理）
效果（AUC）	+2.98pp	+5.15pp	+6.90pp	+7.85pp	+8.58pp	+9.1pp

资料来源：作者自制。

从数据分析可以看出隐私预算与数据可用性呈现正相关，对于非金融、医疗等高隐私风险场景，业界通常将本地差分隐私预算设为10，中心差分隐私预算设为2，作为隐私预算参数标准对数据进行保护。

（二）群组建模探索演进及效果

群组建模迭代了三种聚类算法路线，从哈希算法SimHash以及哈希算法的演进 PrefixLSH，到后续最终产出的图层次聚类 Affinity Clustering 算法，不同聚类算法特点对比如表 3 所示，并且在线上对真实广告业务进行验证，取得了一定的收益。同时对聚类人数的控制做出相应的实验观察，聚类人数 K 与 AUC 效果对应关系如表 4 所示。

1. 聚类方法比较

表 3　聚类算法比较

聚类方法	优点	缺点
SimHash	简单易实现，聚类效率高，灵活度高。	聚类效果差，类簇分布不均匀，易出现头尾效应（头部类簇个体数多，类簇数量少；尾部类簇个体数少，类簇数量大）。
PrefixLSH	聚类效率高，类簇个体数量可控。	聚类效果不稳定。
Affinity Clustering	聚类效果好，类簇个体数量可控。	聚类效率不高。

资料来源：作者自制。

2. 聚类人数控制

表 4　聚类人数 K 与 AUC 效果对应关系

单位：人

聚类人数	1000	2000	3000	4000
实验效果（AUC）	+0.05pp	base	−0.06pp	−0.23pp

资料来源：作者自制。

尝试对聚类人数进行控制，以平衡群组人数和聚类效果以及推荐效果。通过实验分析（基于图层次聚类算法），发现最小聚类人数和推荐效果在 1000 人、2000 人、3000 人，并无明显趋势，但是超过 3000 人后，效果开始降低。业界普遍将 2000 人作为聚类人群标准，为了平衡数据隐私性与可用性，最终采用 3000 人作为聚类人群大小，并在此基础上进行实验。

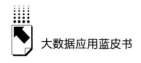

3. 聚类效果对比

在 K = 3000 人的情形下，对不同聚类算法的效果和效率进行对比（见表 5）。SimHash 算法不借助于用户特征分布进行聚类，易出现"头尾"效应。大多数群组不满足 K 匿名，极少数群组虽满足 K 匿名，但样本数量庞大，聚类算法无法进行有效区分。在群组后处理策略上，对于不满足 K 匿名群组的聚类情况通常采用合并或者抛弃的策略，但是会拉低整体效果。PrefixLSH 在群组后处理策略上进行迭代升级，其本质是根据哈希分布对不满足 K 匿名的群组合并，效果有明显提升，聚类效率减半但在可控范围之内。对于中高维用户表征聚类，推荐使用聚类效果更好的 PrefixLSH 方法。

图层次聚类 Affinity Clustering 算法是一种考虑原始样本分布的生成树，树生成过程中时刻控制类簇样本个数，和哈希聚类算法相比，有更好的鲁棒性和聚类层次性。生成树需要构建样本相似度图，高维用户表征效率慢。但由于群组样本数可控，因此效果比哈希算法有很大提升。可见，图层次聚类更适用于中低维用户表征聚类，以聚类效率损失换取聚类效果。

表 5　聚类算法效果 & 效率对比

算法（K = 3000）	簇内余弦相似度	簇内 L2 距离	AUC	聚类时长
SimHash	0.6773	3.7501	+2.3pp	1x
PrefixLSH	0.7571	3.5626	+3.3pp	2x
Affinity Clustering	0.8129	1.2038	+3.9pp	5x

资料来源：作者自制。

（三）纵向联邦工程实践与落地

1. 纵向联邦工程实现框图

如图 11、图 12 所示，一套完整的联邦学习环境较为复杂，为了支持模型训练推理，还需要构建较为完备的工程环境作为支持。

工程环境：包括支持多方安全通信的 RPC、支持流式数据求交的 Flink 环境以及对 docker 资源进行管理的 K8S 等模块。

模型训练：构建 Leader 和 Follower 方，其中 Leader 持有 label 信息，基于 RPC 通信实现模型训练和梯度反向传播参数更新。

美团在这里使用了阿里妈妈开源的 EFLS 框架作为基础版本，并针对外卖业务模型算法流程进行适应化改造。

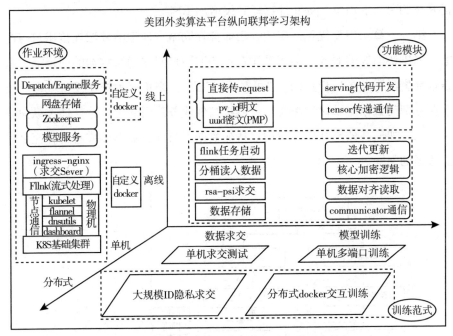

图 11　美团外卖算法平台纵向联邦学习架构

资料来源：作者自制。

2. 工程改进与创新

美团外卖还在工程上进行了如下改进和创新。

（1）任务流程改造

重构 Task Stage，支持用户自定义更多扩展的 Task Function，能够处理 Infer、Export 相关需求，具备完整模型训练、保存、加载功能。提供 ZK 管理之外的分布式提交模式（用户管理机器参数），支持多机分布式或单机伪分布式。

（2）稳定性优化

针对 Cluster 信息存在各机器节点信息前后顺序不一致的情况，采用分

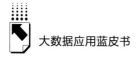
布式下 Server-Clients 机器 Active 通信加入管理。

（3）模型效果优化

在秘密共享算法上，引入了安全的输入参数更新机制以及半安全的非线性计算机制，对比 DNN 基线模型，在 MNIST 手写数字数据集上 AUC 效果提升 2.5PP，平均单 Epoch 计算耗时仅增加 10%。

第一，算法模型优化。美团外卖业务在同城本地生活领域连接用户与商家，提供快而好的服务。美团外卖在不获取用户明文隐私数据的前提下，覆盖本地生活服务全场景数据（"可算不可见"）来更好地挖掘用户兴趣。出于业务部门数据隐私保护考虑，可以将其他业务部门的用户特征通过纵向联邦引入，如何高效地利用这份用户特征数据，与外卖数据形成有益补充是需要考虑的问题。

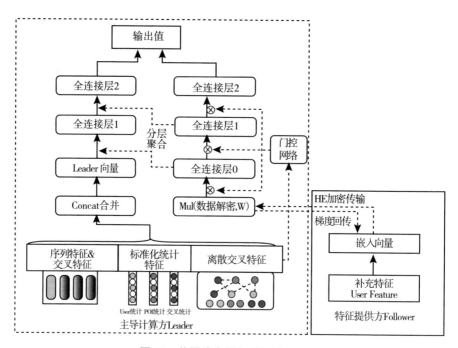

图12　美团外卖纵向联邦模型结构

资料来源：作者自制。

在这里，美团对 Follower 侧特征信息的有效提取做了一定优化：在 Leader 侧增加特征结合门控机制对 Follower 侧发送过来的特征向量通过多层感知机计算门控值，得到同维权重向量后作用于 Follower 侧特征上，令模型从底层接收 Follower 侧特征表示时就能进行有效信息提取。

除了在模型底层直接接收 Follower 侧特征向量外，也可将其放进多层 MLP 中，与 Leader 侧 MLP 层一一对应，且将中间层参数向量聚合连接到 Leader 侧预估模型，增强 Leader 侧和 Follower 侧的交互信息学习。

第二，实验效果。在广告投放的多方数据合作场景下，引入外部数据后，比仅使用单场景数据的效果有明显提升，但较直接将多方数据组合建模（效果上限）还存在一定差距，通过优化算法模型，进一步缩小了效果差距（见表6）。

表 6　纵向联邦模型优化效果

	描述	test_auc
下界	Leader 侧持有特征单独训练	−base−
上界	非联邦，使用 Leader+Follower 特征	+2.6pp
联邦	联邦模型（包含 infer）	+2.45pp
联邦+模型优化	联邦模型（包含 infer）	+2.53pp

资料来源：作者自制。

五　总结与展望

数据安全和隐私保护已成为全球范围内广泛关注的焦点，保障个人信息安全与处理合规既是遵从法律的基本要求，也是保障企业未来数字化业务成功的基石。业界和学界广泛认同隐私计算作为平衡数据隐私保护与应用发展的技术可行解。实现真正的隐私保护，需要在标准和技术上双管齐下。一方面，需要进一步细化并完善用户在使用 App 过程中企业对个人信息的处理

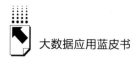
规范，协同多方制定行业隐私保护标准①，保障用户权益的同时，也使得法律和规范更加符合实际应用需求；另一方面，对隐私计算的技术流派及各自特点进行了总结，经过一系列探索，从现行的法规约束下，结合美团外卖业务场景，逐渐形成了具备隐私保护能力的 ToC"弱个性化"和 ToB"跨域联合建模"隐私计算能力矩阵；形成以差分隐私技术为核心的技术解决方案，针对日常数据处理过程中的隐私保护问题，实现个人信息使用程度的可控可量化；探索了无个性化和强个性化的中间态即匿名群组建模方案，在保护用户隐私的同时，满足业务发展的需求；构建跨域/机构安全数据流通底座，形成了联邦学习技术解决方案。在标准和技术的双板斧下，美团将探索与端-云的优化组合，建立更安全、更完善的技术模式，形成一套完整的隐私保护技术解决范式，从而为业界提供参考。

---

① 中国信息通信研究院、北京三快在线科技有限公司、泰尔认证中心有限公司等：《App 推荐算法用户权益保护技术要求及测评规范》，2022。

B.6
可信执行环境保障数据安全

田宝同　王理冬　叶永强　范寅*

摘　要：　可信执行环境逐渐成为保障数据安全的技术基石。该技术在处理器中植入信任根，并构建信任链，提供了可靠的代码和数据运行环境。经过多年发展，该技术已经成熟，并在移动终端等大规模应用。随着各国对技术高地的争夺以及数据要素进程迅速推进，其重要性已经凸显。可信执行环境的发展在于技术生态稳定持续发展，开源技术规范了厂商行为、构建了信任关系、降低了技术复杂性、促进了生态合作。国内主流处理器厂家纷纷布局，为我国数字经济发展和数据安全的提升提供了新的技术路径和选择。可信执行环境应用场景广泛，除移动终端外，技术在车联网、边缘计算、大数据、大模型、量子加密通信等领域有重要价值。

关键词：　可信执行环境　机密计算　隐私计算　可信区域

数据经济依赖于数据要素的充分流动使用。数据要素具备多元性、非消耗性和高流动性特征，对安全需求更加突出。国际经济形势演变、攻击手段持续演进对数据安全防护提出了新的要求。在社会经济层面对数据使用要求不断增长、隐私保护与安全控制对数据防护要求不断提高的背景下，让数据"可用而不可见"成为共识，可信执行环境（Trusted Execution Environment，TEE）作为安全基础技术得到更大关注。经过 20 多年的持续发展，可信执

---

* 田宝同，合肥安永信息科技有限公司创始人；王理冬，安徽省电子产品监督检验所（安徽省信息安全测评中心）高级工程师、产业教授；叶永强，安徽成方量子科技有限公司总经理；范寅，安徽成方量子科技有限公司技术总监。

行环境已深入人类社会的各个角落，在通信加密、移动支付、数字版权、云计算、隐私保护、数据资产保护等数据安全、网络安全领域中发挥重要基础性作用。可信执行环境提供了一个独立封闭的计算空间，对其中的运行代码和数据加以隐秘保护和完整性校验，避免恶意程序攻击、防止数据泄露。可信执行环境依赖于处理器提供的机密计算（Confidential Computing）机制以及相应软件设施，技术线路随处理器芯片迥然而异，目前国际通行方案较多，主要技术线路如下所示。

一是英特尔公司的可信执行技术（Intel TXT）、软件守护扩展（Intel SGX）、可信域扩展（Intel TDX）；二是 ARM 公司的 ARM Trustzone，ARM 的机密计算架构（ARM CCA）；三是美国超威半导体公司的安全加密虚拟化（AMD SEV）和安全加密虚拟化安全嵌套分页技术（AMD SEV-NP）；四是开源组织推出的 Keystone 等开源技术。

此外，英伟达也率先将机密计算拓展到通用/图像处理器领域，提供了 NVIDIA Hopper™、NVIDIA BlackWare 机密计算技术对人工智能的模型和数据提供保护，并分别与 Intel SGX、Intel TDX 实现了远程认证。[①] 由于可信执行环境大多建筑于机密计算处理器提供的物理可信根以及安全启动机制之上，因此相应处理器的发展对于数据安全和网络安全至关重要。随着中国迅速推进信息技术应用于创新产业以及数据生产要素进程，包括鲲鹏、海光、飞腾、兆芯等具备机密计算能力的国产处理器芯片脱颖而出，成为中国数字经济发展的安全基底。

一　可信执行环境的技术机理与主要优势

可信执行环境是指通过软硬件方法在中央处理器中构建一个独立于操作系统空间存在的可信的、隔离的、独立的安全区域，为不可信环境中的隐私

---

① Yeluri Raghu, Seamless Attestation of Intel © TDX and NVIDIA H100 TEEs with Intel © Trust Authority, https：//community. intel. com/t5/Blogs/Products-and-Solutions/Security/Seamless-Attestation-of-Intel-TDX-and-NVIDIA-H100-TEEs-with/post/1525587, 2023 年 9 月 20 日。

数据和敏感计算提供了一个安全而机密的空间，保护其内部加载的程序和数据的机密性和完整性，其中"可信"①旨在传达对行为的期望，为此需要对组成计算机的零件——进行甄别。可信执行环境的基础是可信处理器单元或者机密计算，在商用处理器内部预先集成了相关的控制单元，此类芯片的可信功能无法后置添加，因此相关芯片设计制造至关重要。

本质上，机密计算技术将计算系统的硬件和软件资源做了划分，分为可信执行环境和富执行环境。两个环境彼此独立隔离，分别有独立的内部数据通路和计算所需存储空间。富执行环境中的应用程序无法访问可信执行环境；在可信执行环境内部，多个应用的运行也是相互独立的，不能无授权而互访。一般来说，一个可靠的可信执行环境需要提供四个方面的安全保障②：数据隔离、计算隔离、通信控制和错误隔离。机密计算技术能保证运行在可信执行环境中的计算程序或数据的高安全性。其适用于金融、政务、医疗、教育等对敏感数据收集使用需求较高的场景，确保相关组织和个体的隐私数据安全和数字资产安全。

可信执行环境往往是由处理器单元提供应用程序和数据安全保障。从底层机制上对运行的程序实现安全隔离、保护和控制，防止未授权应用程序的访问和跟踪，有效阻止恶意代码的攻击，防止隐私泄露，保护源码。

安全计算的核心在于隔离、算力共享和开放，不同方案的优劣也表现在隔离的实现和算力的共享程度上。相较于其他安全技术，可信执行环境的隔离是根植于处理器芯片内部机制的，因而更为可靠；安全机制的运行由处理器硬件电路支撑，因而减少了安全计算过程中加密解密、验证带来的算力损失，提供了更安全高效的算力共享能力。相对的，可信执行环境严重依赖于由机密计算延伸的底层技术，搭建可信执行环境，需要开发者掌握包括芯片、主板固件、操作系统、安全算法等核心技术，极大地增加了开发和使用

① ISO 11889-1：Information technology-Trusted Platform Module Library，2016 年 4 月 1 日。
② Bryan P.，Bootstrapping Trust in A Trusted Platform，Proc of the 3rd Conf on Hot Topics in Security，Berkeley，CA：USENIX Association，2008 ［2023－05－17］，https：//dl. acm. org/ doi/10. 5555/1496671. 1496680.

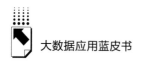

机密计算技术的复杂度和难度。此外，机密计算无法从根源上杜绝侧信道攻击等威胁，可信执行环境往往与现代密码学、多方安全计算等结合，进一步提高安全性。

二　主要机密计算技术路线与演进

不同的芯片组织提出多样的机密计算方案解决不同场景问题，并持续演绎，大致分为基于可信平台模块（Trusted Platform Module，TPM）、基于飞地（Enclave）、基于信任区域（TrustZone）、基于虚拟机（VM）等技术途径，从硬件机制上提供了信任根、安全空间隔离、安全度量、通信控制等支持，其中信任根是信任链构建的基础和锚点，安全空间隔离为程序提供了封闭安全的运行环境，安全度量提供了信任证明，通信控制保证了可信环境之间、可信环境与非可信环境之间的通信安全。根据推动的技术组织的不同，大致可分为以下几条发展线路。

（一）ARM 的技术发展路线

ARM 于 2002 年提出 TrustZone 技术并在 ARM1176JZF 中落实。Trustzone 提供可信执行环境与富执行环境的计算资源硬件隔离，并制定和运用一系列规范，构筑了不同生态厂商的信任链，保证了可信终端设备的可靠。为此 ARM 对处理器进行一系列扩展：划分物理内核运行状态，分为安全世界态和普通世界态，并使用监视控制器（SMC）实现状态切换，从而虚拟出不同的处理器内核；扩展系统总线，对原有读写信道增加用于标注安全操作、非安全操作的额外控制信号；提供桥接等技术，确认外设设备安全性；允许可信域地址空间控制器（TZASC）对设备地址进行安全空间划分；采用可信域地址适配划分静态内存或片内只读存储安全空间划分；通过可信域保护控制器（TZPC）标记安全外设；可行域中断控制器（TZIC）对中断进行保护；采取对扩展内存和内存快表进行扩展等多种措施，从而实现终端、内存、外设的安全隔离。2021 年 ARM 提出机密计算架构（CCA），在其第九代处理器架构中，将敏感应用和 OS 封装在扩展的 Realm 空间中，使其兼顾服务器和终端应用场景需要。

可信执行环境依赖安全启动技术，为此 ARM 提出可信固件框架（ATF），用来保证启动安全。如图 1、图 2 所示，处理器设定了不同的异常等级，限定不同的安全状态权限级别，并规定了启动流程，由具体芯片厂商（华为、高通、三星、联发科技等公司）通过芯片内部植入启动代码筑立根信任，经过不同厂商层层签名与校验建立信任链。ARM Trustzon 的机密计算技术被广泛应用到移动端，包括移动支付、边缘计算等领域，在服务器领域也有少量应用。由于 TrustZone 的技术成熟且开放，一些公司据此发展出了新的机密计算机制，例如：2012 年，苹果公司基于 Trustzone 构建了自己的安全飞地（Secure Enclave）技术，并应用于 iPhone 5s 中，成为后来手机安全的效仿对象；华为基于 TrustZone 提出了鲲鹏芯片 ToolKit 方案，并将其应用在泰山服务器上。

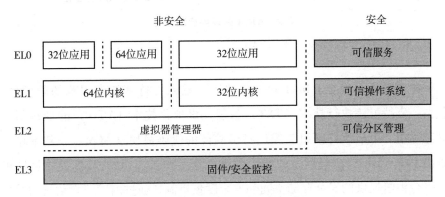

图 1　基于 Arm 8 代处理器特权级

资料来源：ARM Cortex-M 技术参考手册。

（二）英特尔的技术发展路线

2002 年，英特尔公司根植于可信平台模组 TPM，提出可信执行技术（Trusted Execution Technology，TXT），将其用在酷睿系列的多款芯片中，用

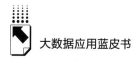

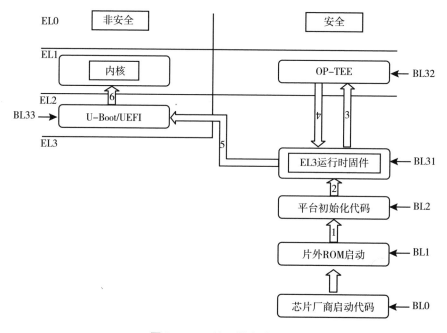

图 2　ARM 处理器启动流程

资料来源：ARM Cortex-M 技术参考手册。

来保护电脑桌面安全。Intel TXT 依赖于一系列支持其技术规范的软硬件，包括：支持可信执行技术（TXT）与硬件虚拟化技术（VT-x）的处理器与其芯片组、可信执行模组、经过身份验证的代码模块（ACMs）、基本输入输出系统（BIOS）、经度量的可信启动环境（MLE），Intel TXT 技术使用可信平台模组提供的安全存储空间和安全度量机制，通过内置于启动与初始化的身份验证代码模块（ACM），建立安全的启动与初始化，提供了静态信任链与动态信任链机制，从而保证操作系统与软件应用安全。

2015~2016 年，英特尔公司进一步缩减信任域，剔除可信平台模组，将根信任锚定在处理器中，提出软件守护扩展（Software Guard Extension，SGX）路线，并发展出一代 SGX 和二代 SGX，后者在一代 SGX 基础上提供了动态内存管理。其显著特征是在用户态进程中划分出一块安全飞地（Enclave），飞地中的代码与数据对外界不可见，应用程序开发者需将受保护代码放入飞地中运行。为此，Intel SGX 提供了基于处理器的安全页表管理、安全线程管理、安全内存换页管理、安全内存的完整性校验等硬件支持和指令支持。SGX 增加了硬件的复杂性，同时也使软件开发更为困难，为此业界孵化出 Gramine、Occlum 等开源项目，为开发可信程序提供便捷。其方法大致是：将操作系统的核心包括底层 I/O 代码在飞地中重新实现，并以函数库的形式提供给开发者；提供容器的守护进程（shim），拦截并替代程序核心代码调用。除此之外，Intel 还提出远程认证服务，为不同的可信执行环境提供证明。数据中心的远程认证服务以数据中心远程认证原语方式（Data Center Attestation Primitives，DCAP）进行，最初由英特尔公司直接提供，后允许数据中心部署自己的认证服务，但仍受英特尔公司制约。英特尔公司将 SGX 作为面向服务器端的主流可信执行环境技术，在多款英特尔至强处理器中使用。

鉴于 SGX 的技术复杂以及漏洞繁多，英特尔公司于 2023 年提出可信域扩展（Trust Domain Extension，TDX）技术。与美国超威半导体的安全加密虚拟化（SEV）技术方案类似，该方案沿用虚拟机管理器调用基本输入输出（BIOS），并为多个独立虚拟空间提供管理调度的技术线路，由处理器芯片提供物理的安全支持。可信域扩展技术从硬件上提供了虚拟机的安全隔离，提供了多个各自独立的可信虚拟空间（可信域），空间内信息无法被外界访问。为保证多个并行的可信域安全，可信域扩展增加了安全仲裁模式（Secure-Arbitration Mode，SEAM）以及被安全认证的可信域扩展代码模块，代码模块被托管运行于基本输入输出系统（BIOS）预留的内存空间中，虚拟机管理器与可信虚拟空间的切换交由处理器仲裁单元评判，并由处理器硬件电路直接实现了虚拟机管理器部分管理功能，避免可信域的信息被虚拟机管理器获知。为保证可信域内部数据的机密完整和代码完整，处理器为每一个可信域提供了不同的临时密钥，并保证密钥不可被外部访问，通过对内存加密和对数据进行完整检查，防止代码数据遭到泄露和篡改。同样，可信域扩展提供共享内存和共享地址转换机制用于与非可信区域的数据进行交换。该项技术尚未普及，英特尔仅在两款第四代至强和第五代至强可扩展处理器

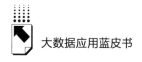

中提供了可信域扩展技术，并在为数不多的 Linux 操作系统中进行技术集成作为服务器级别的应用支持，微软的 Azure 和阿里云提供了基于可信域扩展技术的云服务试用产品。

（三）美国超威半导体公司（AMD）的技术发展路线

美国超威半导体公司对机密计算的开展较迟，2016 年，该公司提出安全加密虚拟化（Secure Encrypted Virtualization）方案，后经多次技术演进，形成安全加密虚拟化-安全嵌套分页（AMD SEV-NP）方案。美国超威半导体公司在其处理器内部加入安全内存加密（SEE）模块和安全内存虚拟化组件（SEV）。前者产生外部不可见的随机密钥，对写入内存数据加密，读出内存解密；后者基于加密内存提供了虚拟机管理机制：为每一个虚拟机分配不同密钥隔离虚拟机与超级管理器机制，安全内存虚拟化组件通过掌控不同密钥保证客户端操作系统以及超级管理器安全。经过若干轮迭代，美国超威半导体公司为防止基于恶意超级管理员的攻击，提出更为独立安全的安全加密虚拟化-安全嵌套分页技术。

目前，美国超威半导体在其第三代处理器以及霄龙处理器中提供了机密计算技术，并通过其支持的操作系统提供可信执行环境。同时，该公司开放了 VirTEE/SEV 技术平台提供远程认证服务。由于初始设计时，美国超威半导体将超级管理器移除到可信平台模组之外，导致该技术漏洞不断[1][2]，尽管如此，美国超威半导体的安全加密虚拟化技术降低了机密计算处理器的设计复杂性和服务器程序的设计难度，被后来的 Intel TDX、海光-CSV 等处理器的设计参考引用。

国内研究[3]给出了机密计算技术的发展路线，如图 3 所示。

---

[1] Zhang Ruiyi, Gerlach Lukas, Weber Daniel etc, CacheWarp：Software-based Fault Injection Using Selective State Reset，2024.

[2] Schlüter Benedict, Sridhara Supraja, Bertschi Andrin, Shinde Shweta, We See：Using Malicious #VC Interrupts to Break AMD SEV-SNP，2024 年 4 月。

[3] 张锋巍、周雷、张一鸣等：《可信执行环境：现状与展望》，《计算机研究与发展》2024 年第 1 期。

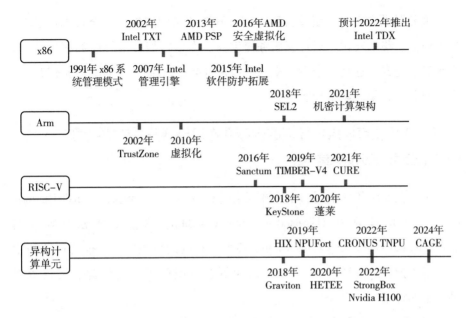

图 3　机密计算发展线路

资料来源：张锋巍、周雷、张一鸣、任明德、邓韵杰：《可信执行环境：现状与展望》，《软件学报》2024 年第 1 期。

　　面对不同的业务需求，可信执行环境也要与其他的安全技术相结合，例如：采用可信执行环境与安全元素的技术结合①解决移动场景下数字货币支付的"双花"问题，为联邦学习提供可信执行环境基础②，解决多方机器学习系统的服务器端隐秘以及私域信任问题。

三　可信执行环境的技术生态

　　可信执行环境应用需要构建一条以处理器/可信平台模组芯片为根信任，众多厂商参与的互信关系与信任链条。众多处理器/安全芯片厂商、主板厂

---

①　杨波、冯伟、秦宇：《基于 TEE 和 SE 的移动平台双离线匿名支付方案》，《软件学报》2024 年 5 月 7 日，https://doi.org/10.13328/j.cnki.jos.007115。

②　Hubert Eichner, Daniel Ramage, Kallista Bonawitz, etc, Confidential Federated Computations, 2024.

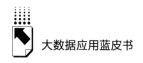
商、服务器供应商、终端设备制造商、开源技术中间件、安全技术产品商、移动通信、移动支付、云计算服务提供商、人工智能方案解决商相互合作，为政府、能源、通信、金融、交通、医疗等多个领域提供可信执行环境应用安全服务，其呈现以下趋势。

（一）围绕可信执行环境的国际合作已经展开，包括中国厂商在内的技术公司积极投身其中

可信执行环境涉及众多开发组织，国际上，包括 Global Platform（GP）、可信计算组（Trusted Computing Group，TCG）、机密计算联盟（Confidential Computing Consortium，CCC）在内的组织致力于推动规范与生态建设，此外，ARM、OP-TEE、高通等企业或组织通过开源、授权等提供了事实标准。

GP 最初定义了可信执行环境的概念与规范。该组织是跨行业的国际标准组织，致力于制定和发布基于硬件安全的技术标准，其制定和发布的国际标准被称为 GP 标准。该组织已制定了包括可信执行环境（TEE）、安全元素（Secure Element）、物联网平台安全评估标准（SESIP）、可信平台服务（TPS）等一系列规范，并提供检测体系，提供评估和颁证服务。

可信计算组是一个开源非营利组织，致力于硬件实现的可信根等工业标准的制定与推动。该组织定义了可信计算、可信平台模组等概念，并积极推进 TPM 2.0、设备混合引擎（DICE）、测量与远程认证根（MARS）等标准。由该组织制定的《ISO/IEC 11889 可信平台模组》被多个机密计算厂商和标准组织使用。

机密计算联盟由 Linux 基金会成立，致力推动机密计算标准，推广开源机密计算工具和框架。成员包括阿里巴巴、美国超威半导体、ARM、脸书、Fortanix、谷歌、华为、IBM（红帽）、英特尔、微软、甲骨文、瑞士电信、腾讯和威睿等厂商。

除上述国际组织之外，一些大的技术厂商也积极构建可信执行环境的技术生态，例如 ARM 与高通、三星、华为等长久保持的技术生态，英特尔与

英伟达在中央处理器与图像处理器方面的可信认证合作，以及英特尔、美国超威半导体与微软、阿里等云计算厂商的生态技术合作等。

（二）开源技术规范了厂商行为，稳固了合作关系，促进了生态繁荣

可信执行环境的发展离不开开源。这不仅是因为大量开源技术屏蔽细节，丰富了应用，更是因为信任链依靠大量厂商协作，机密计算底层技术过于繁复，难以用文件形式逐一表述，采用源代码形成契约最为简洁和易于接受，利于规范的迅速推广。

一些国际厂商和标准组织通过开源项目对厂商行为进行约束。典型的有ARM可信固件（ATF）和GP的OP-TEE项目。ATF（TF-A/TF-M）为ARM的主板设计厂商提供启动代码参考，规定了启动流程（见图4），揭示安全启动、可信执行环境与非安全空间划分，为芯片厂商预留了可信根置入空间（BL0、BL30），保证不同厂商能够建立信任链。OP-TEE则提供了运行异常等级EL1下的可信执行环境操作系统方案（图4中$BL3_2$），为用户态提供可信执行环境支持。ATF以及OP-TEE开源方案被不同厂商采用，成为实际使用标准，简化了厂商开发流程，促进了不同厂商之间的协作。

包括Gramine、阿里在内的一些开源组织主导的Occlum开源项目主要针对Intel SGX方案。项目技术采用了库操作系统技术，将部分操作系统功能以库函数的方式提供出来，并使之运行于可信执行环境（安全飞地）内。从而大大缓解了可信执行环境开发者压力，在可信执行环境早期阶段做出非常大的贡献。Intel TDX、AMD SEV/SEV-SNP等方案则是通过对开源项目QEMU等操作系统提供支持，以实现可信执行环境。云计算服务企业往往以提供源代码方式，提高其影响力、促进商业合作。例如，百度开发了Teaclave TrustZone SDK、阿里继Occlum之后推出了Open Enclave SDK等。

阿里云、美国超威半导体、ARM、IBM、英特尔、微软、红帽、Rivos等众多公司汇集，设立了机密计算容器（Confidential Container，Coco）项目，旨在兼顾不同的机密计算机制，提供一种安全容器新型架构，使用户免

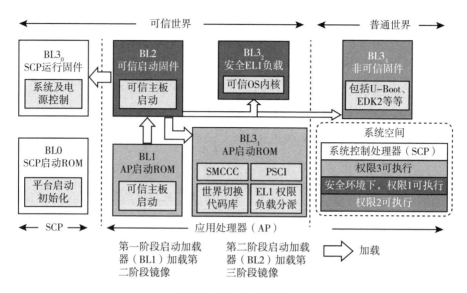

图 4　ATF 启动流程

资料来源：ARM Cortex-M 技术参考手册。

于考虑可信执行环境底层技术细节，在云基础设施上对敏感数据保护、应用提供安全保障。

（三）中国积极推动可信执行环境相关技术与应用

由于将可信根植入处理器，并提供可信执行环境成为处理器芯片的主流趋势，中国的研究人员很早就跟踪相关技术发展。随着中国信息技术应用创新产业的发展，国内主要处理器厂家也结合自研的机密计算技术纷纷推出不同的可信执行环境产品，如华为公司基于 ARM TrustZone 技术推出了鲲鹏BoostKit 机密计算，其核心组件"可信操作系统"（Trusted OS）采用的是华为自研的 iTrustee。飞腾公司基于飞腾处理器内部硬件隔离及安全启动机制推出了飞腾天衣可信执行环境（Phytium Trusted Execution Environment，PhyTEE）。兆芯推出了基于可信平台控制模块（TPCM），实现了"兆芯TCT"可信执行环境方案。海光则推出了自主研发的安全虚拟化技术"海光CSV"，使用隔离的硬件资源，支持启动度量、远程认证等功能；另外，海光通过安全直通技术将可信执行环境安全能力扩展到数据中心单元（海光GPGPU），保证主机端与数据中心单元设备端数据通信直接发生在可信执行环境内，不通过主机中转，是全球首个实现中央处理器与通用处理器一体化的机密计算环境，具备端到端，软硬件全国产化的安全自主可控能力。

综合来看，国内厂家对于可信执行环境的技术支持和产品适配尚处于起步阶段，绝大部分厂家尚未实现全系列产品支撑，在使用和配置方面的便利性也有较大改进空间；基于底座技术的开源、生态搭建与推动能力尚弱。

与可信执行环境产业化相比，中国企业较早开展可信执行环境标准化工作：中国银联自 2012 年起与产业链合作，开始制定包括可信执行环境硬件、可信执行环境操作系统、可信执行环境基础服务和应用等各个层面的规范标准，并且于 2015 年通过技术管理委员会审核发布银联 TEEI 规范。2017 年初，中国人民银行开始制定可信执行环境各层级需求规范。

2020 年 7 月，中国信通院联合 20 家单位，共同参与制定了《基于可信执行环境的数据计算平台 技术要求与测试方法》标准。

2022 年 4 月 15 日，国家市场监督管理总局、国家标准化管理委员会发布标准《信息安全技术 可信执行环境基本安全规范》（GB/T 41388-2022），自 2022 年 11 月 1 日开始实施；2023 年 5 月 23 日，发布标准《信息安全技术 可信执行环境服务规范》（GB/T 42572-2023），自 2023 年 12 月 1 日开始实施。

除阿里、华为在移动支付、边缘计算领域大量使用可信执行环境技术之外，随着中国数据要素化进程的推进，中国以云计算、隐私计算服务为代表的可信执行环境应用也积极展开，涌现了一批包括华为云可信智能计算服务 TICS、腾讯云区块链可信计算服务、蚂蚁链摩斯可信执行环境、百度智能云可信计算平台服务等在内的计算执行安全应用服务。

四　可信执行环境主要场景

对于运行在可信容器内部的应用而言，可信执行环境因其简洁和硬件的

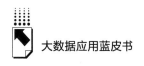

直接支持而备受青睐，应用场景广泛，在身份识别、边缘计算、数据库保护、隐私计算、大模型等场景均有所应用。

（一）移动终端的可信执行环境应用较为成熟，并且持续发展

移动支付使用可信执行环境技术较为成熟。2013 年，苹果公司在 iPhone 5s 手机上搭载了基于可信执行环境的指纹识别技术（Touch ID），采用可信执行环境对用户关键隐私进行保护已经成为移动终端必备。目前，大部分具备移动支付功能的智能手机均配备了可信执行环境。

2018 年，中国人民银行发布《移动终端支付可信环境技术规范》，规定了移动终端支付可信执行环境整体架构。2022 年，中国银联等运用可信执行环境、大数据、人工智能等手段，实现手机 POS 应用创新，有效降低了隐私数据泄露和交易风险，拓展了银行业务场景。中国国家金融机构和企业技术组织正考虑将可信执行环境与安全元素结合，进一步保证移动支付和数字货币安全。

在移动终端中同样需要对用户身份进行保护。快速身份识别（FIDO）组织提出身份验证器安全需求并划分等级，要求二级以上的身份验证器需运行在受限操作系统环境（ROE）中。并规定 FIDO 安全认证允许的受限操作环境（ARAE）包括[①]：由英特尔、美国超威半导体、ARM 硬件支持的可信执行环境，GP 认证的可信执行环境，符合 TCG 规范的可信平台模组，安全元素，微软 Windows10 提供的虚拟安全等。

（二）可信执行环境在车联网数据安全方面的应用逐渐得到重视

智能汽车和车联网蓬勃发展，车辆自身、车路协同、车联网等相关的数据安全问题也成为关注的焦点。相关强制标准纷纷出台，对车辆信息安全、外部连接安全、通信安全、数据代码安全等都提出了具体的要求。

---

① FIDO 联盟，FIDO Authenticator Allowed Restricted Operating Environments List，https：//fidoalliance. org/specs/fido – security – requirements – v1. 0 – fd – 20170524/fido – authenticator – allowed–restricted–operating–environments–list_ 20170524. html，2023 年 12 月 21 日。

2021 年，联合国欧洲经济委员会（UNECE）通过全球车辆法规协调论坛发布了两项网络安全法规：《UNECE R155 网络安全和网络安全管理系统［CSMS］》和《UNECE R156 软件更新和软件更新管理系统［SUMS］》，法规于 2022 年 7 月开始生效，2024 年 7 月扩大到所有车辆。标准重点关注整车数据安全，要求建立和实施一个完整的系统。Trustonic 公司推出了旨在消除风险并增强车联数据安全的 Trustonic Kinibi 系统，该系统已经部署在超过 2500 万辆汽车中。

随着国内相关汽车行业相关强制标准的推出和施行，在车辆数据安全领域，也有不少汽车厂商、T-BOX 厂商寻求与专业厂家合作，力图推出基于可信执行环境的 T-BOX 系统，旨在通过 T-BOX 芯片上自带的 Trustzone 机制，构建可信执行环境安全系统来保护运行代码和数据，从而保护汽车及车联网的数据安全。

（三）TEE 在边缘计算方面的应用前景广阔

边缘计算设备部署广泛，但存在安全隐患。大多数边缘设备利用无线通信，其协议易于暴露。传统硬件安全模块（HSM）因自身算力不够，难以满足日益复杂的人工智能、协议转换和大量数据传递的安全要求。可信执行环境因平衡了安全需求与算力资源，基于可信容器的便捷部署，能够为边缘技术提供全链保护（见图 5）。

近些年，在智慧城市、医疗健康、能源管理等领域涌现了大量可信执行环境相关解决方案。如在交通领域，通过在摄像头和路边设备中嵌入可信执行环境模块，系统能够实时分析交通流量、检测交通事故并动态调整交通信号灯，提高交通效率和安全性。在医疗领域，医院利用基于可信执行环境的边缘计算技术对患者的生理数据进行实时监测和分析，这些生理数据通过智能医疗设备收集并传输到边缘计算节点进行处理和分析，为医生提供了更加准确的诊断依据。在能源领域，能源企业通过在电网、石油管道等设施上安装配备可信执行环境技术的传感器，实时监测和调整能源的分配和消耗，这些传感器能够捕获并处理大量实时数据，帮助企业实现能源的优化利用。

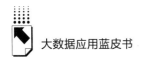

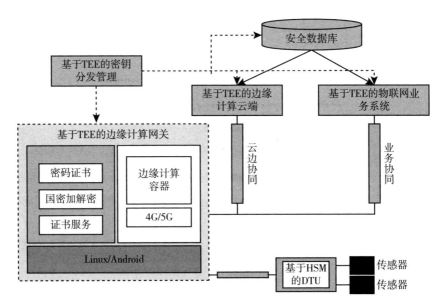

图5　可信执行环境全链保护边缘计算

资料来源：安徽成方量子科技有限公司提供。

据 Gartner 预测，到 2025 年，全球物联设备数量将达到 1000 亿台，可信执行环境作为保障物联网设备安全的关键技术之一，应用前景十分广阔。

（四）可信执行环境在人工智能领域的应用方兴未艾

人工智能技术广泛应用引发的数据过度收集和滥用、数据污染、隐私泄露等问题日益严重。可信执行环境特有的隔离性和安全优势，可以确保人工智能模型在处理敏感数据时，数据不会被其他应用或系统访问或篡改，在涉及个人隐私信息（如医疗图像识别、金融征信等）的人工智能应用场景中，可信执行环境可以确保用户隐私数据在处理过程中避免未经授权的访问。因此，在自动驾驶、医疗影像分析、智能监控、人脸识别、金融合规、欺诈检测等场景，可信执行环境的应用逐渐受到重视。

在医疗行业中，可信执行环境已经与区块链、联邦学习等技术结合，在医疗影像分析等场景中，用于保护个人隐私。在金融、电商等行业联合数据挖掘场景中，可信执行环境被用于保护不同组织的数据、知识资产安全。

随着大模型的兴起，大模型自身的算法安全和数据安全都得到密切关注。2022年，英伟达发布全球首个图像/通用处理器架构的可信执行环境方案，率先在 NVIDIA Hopper™ 架构上提供机密计算产品 NVIDIA Tensor Core GPU。后继的 NVIDIA Blackwell 架构更进一步提升性能水平，受保护状态下，其运行速度与大语言模型（LLM）的未加密模式齐平。

2023年，微软 Azure 宣布采用英伟达 H100 Tensor Core GPU，提供机密计算人工智能服务。Azure 推出名为 Ampere 的保护内存方案，在高带宽内存（HBM）中设定保护区域，仅允许经身份验证和加密的流量访问该区域。此技术及服务将在包括自动驾驶等多个大模型场景得到应用，避免数据暴露和偏差，提高模型的有效性。

（五）运用可信执行环境打造数据库安全

数据库加密技术已经较为成熟，但在传统方案中，密钥本身的安全性和内部高权限人员的管控是普遍难题。应用可信智能环境技术，与传统数据库加密技术融合，可以有效解决数据库安全中的难题，通过将密钥和加密过程内置于可信执行环境中，保证密钥的安全性，从而提升数据库安全性（见图6）。

合肥安永信息科技有限公司推出了基于可信执行环境的数据库加密系统，将密钥和密钥管理都内置于可信执行环境中，结合数据库加密代理软件，为数据库提供加解密服务，外部攻击者或内部高权限用户均无法获取密钥，尤其是当遭遇勒索或其他攻击时，数据库往往会被非法"拖库"，只要数据库中的数据已经加密，被拖走的只能是密文，由于可信执行环境的隔离特性，不法分子无法进入到可信执行环境中，因此无法获取密钥，可确保其在拖走数据库后，无法解密数据，从而可以确保数据不丢失、不被滥用。

（六）可信执行环境将进一步提高量子密码系统安全

量子安全技术是新兴的面向未来的安全技术，量子保密通信是被验证

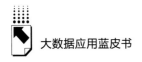

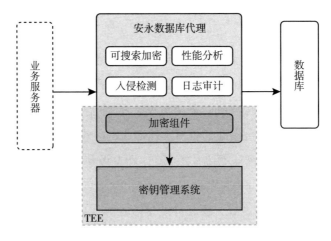

图 6　基于 TEE 的数据库保护

资料来源：合肥安永信息科技有限公司提供。

为具备无条件安全属性的技术，近些年应用也逐渐普及。但由于量子保密通信的关键技术量子密钥分发（QKD）依赖于光纤或者激光通信，其成本高昂且无法直接保护无线网络，面临无法大规模推广普及的难题。安徽成方量子科技有限公司利用机密计算技术，将量子随机数的产生、涉及密码的加解密计算与证书服务、密钥数据的封装、通信链路的建立均置于可信容器内，业务系统则运行在非安全环境中以增加扩展性，从而以低成本、高性能方式提供了无线网的密码服务，为量子密码不同媒介的传递提供支撑。

五　可信执行环境的未来展望

数字经济背景下，可信执行环境技术的发展不仅提升了各组织机构数据的安全防护能力，也改变了商业组织处理敏感数据的方式，为数据融合、处理和协作提供了必要的信任和安全基础，为数据生产要素的流动、数据资产的交易奠定了安全基底。随着云服务商和互联网服务商推出各种可信应用，机密计算技术已经走近了普通用户。可信执行环境技术的进一步发展存在以下挑战。

首先，该技术的开发及应用高度依赖底层硬件，开发者需要掌握深邃的技术，以应对持续演进的多样处理器方案。其次，当前机密计算技术路线差异较大，缺乏统一的标准和互操作性，开发者需要具备不同的技术资源，能够协调不同的技术厂商，并构建稳定的技术供应关系。最后，可信执行环境具备强大的隐私保护能力，但过于完备的数据加密同样带来管理困扰。

可信执行环境的高质量推进，需从政策、技术以及产业三个层面展开，我国需借鉴国内外经验加强相关推动。

第一，政策层面。我国尚未开展相关技术顶层规划，缺乏应用引导，法律法规需要进一步完善。例如，英国信息专员办公室（ICO）发布了有关隐私增强技术（PET）（包括机密计算）的指南草案，以帮助组织按照设计原则实施数据保护；经济合作与发展组织（OECD）等其他监管机构也发布了有关新兴隐私增强技术及其政策方法的报告；2023年3月，美国国家科学技术委员会发布了《推进隐私保护数据共享和分析国家战略》，强调保护隐私的数据共享和分析方法及技术在保护隐私的同时释放数据分析力量的重要性。在我国当前的数据安全相关法规体系中，尚未体现可信执行环境技术。

第二，技术层面。与国际成熟的技术体系与供应结构相比，我国存在核心知识产权较弱、生态单薄、应用不足等问题。与高通、ARM、英特尔、思科、IBM以及众多小型供应商知识产权的广泛分布不同，国内可信执行环境相关的专利不到3000件，且大多以处理器等上游厂商、互联网大厂、手机厂商、科研院所为主，落地化的产品应用质量与价格差距明显。

第三，产业层面。与国际头部厂商提供基础支撑和引领，为数众多软硬件小型开发团队积极活跃的局面不同，国内专注于可信执行环境技术和应用的厂家较少，传统安全技术厂商对可信执行环境持观望态度。国内上游企业支持乏力，除阿里之外，国内缺乏具有引导力的开源技术，无法依靠标准和

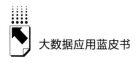

技术形成集聚能力。

尽管如此，我国各主流厂商已经集聚了一批自主知识产权的处理器与服务器产品；一些寻求新兴技术的行业正积极探寻可信执行环境的应用场景和解决方案。随着我国数据要素安全意识的不断增强，把根信任种植于中国芯的意志逐渐坚定，中国可信执行环境将迎来高速发展。

案 例 篇 ⟩⟩

B.7

大数据在公共资源交易数据要素
价值中的应用

——以芜湖为例

胡 蓉 杨笑凯 方 坚*

摘 要: 公共资源交易数据是指在公共资源交易活动过程中所产生的以电子或非电子形式记录的信息。公共资源交易数据具有范围广、数量大、时效性强等特征。由于市场主体参与程度不高、数据权属与利益分配机制不明确、数据安全风险底线不清晰,公共资源交易数据的质量较低,公共资源交易数据价值化程度不足。为了促进公共资源交易数据的开发利用,芜湖市大数据公司积极建立数智平台,利用数据资产管理平台促进公共资源交易数据汇聚融合,提升数据质量以及数据的资产化水平;借助数据资产运营平台,

---

* 胡蓉,芜湖市大数据建设投资运营有限公司党支部书记、董事长,理学博士,中国科学技术大学电子科学与技术博士后,主要研究方向为大数据治理、数据融合分析与应用、数字经济、人工智能;杨笑凯,芜湖市公共资源交易监督管理局党组书记、局长,主要研究方向为公共资源交易、政府法治、行政改革等;方坚,芜湖市数据资源管理局党组成员、副局长,主要研究方向为数据治理、数字政府、数字经济、数字基础设施等。

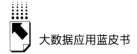

引入市场主体参与公共资源交易数据的再利用；整合算力服务平台，引入大模型，为数据再利用提供安全可信的环境，促进数据开发利用的效率。基于此，为充分释放公共资源交易数据要素价值，采取了以下措施：一是建立数算融合平台，为公共资源交易数据价值化提供全流程保障；二是引入大模型，辅助数据产品和服务的开发及安全管理；三是落实数据分类分级，平衡公共资源交易数据利用和安全；四是引入公共数据授权运营，创新数据再利用机制。

关键词： 公共资源交易　数据价值化　数算融合　芜湖　公共数据授权运营

2020 年 4 月，《中共中央国务院关于构建更加完善的要素市场化配置体制机制的意见》首次将数据列为生产要素，此后党中央、国务院制定颁布一系列政策文件推动数据要素的价值化。例如，在国家层面，2022 年 12 月，《中共中央 国务院关于构建数据基础制度更好发挥数据要素作用的意见》发布，初步搭建起我国数据基础制度体系；2023 年 8 月，财政部颁布《企业数据资源相关会计处理暂行规定》，进一步为企业数据资产化扫清障碍；国家数据局等 17 部门联合印发的《"数据要素×"三年行动计划（2024—2026 年）》总体目标提到，到 2026 年底，数据要素应用广度和深度大幅拓展，在经济发展领域，数据要素乘数效应得到显现。在地方层面，各地相继出台相关法律文件，探索推进公共数据授权运营，以推进公共数据的再利用。

数据日益成为经济增长的重要推动力量，挖掘并且释放数据价值是推动经济增长的新契机。随着电子政务以及数字政府建设的深入推进，公共部门在履行职责的过程中，政府系统内沉淀了大量的数据资源，这些数据资源并未得到充分的挖掘和利用。在公共资源交易领域，随着电子化的公共资源交易平台的建设和运营，围绕公共资源交易活动形成了海量优质数据，但目前，公共资源交易数据的价值化程度不高，开发利用数据的场景十分有限，导致绝大多数的公共资源交易数据处于沉睡状态。

一 公共资源交易数据价值化的基础

（一）公共资源交易平台的数字化历程

公共资源交易平台的建设及其统一化的过程为公共资源交易数据的产生与收集奠定了基础。公共资源交易平台是为各类公共资源交易提供场所、设施、系统、信息、专家抽取、档案、见证等事务性工作的公益服务机构，其主要承担程序性管理、自律性管理、专业化服务三大核心职能，在经济社会中发挥了权力平衡、交易协作、信任沟通三大功能。2011 年，全国公共资源交易市场建设推进会在江西南昌召开，标志着建立公共资源交易市场的开端。此后，各地相继建立公共资源交易中心，但在公共资源交易市场快速发展的同时，也暴露出分散设立、重复建设、地方保护、市场分割、资源不共享等问题。① 为解决这些问题，中央相继出台各类政策文件。

2013 年，党的十八届二中全会审议通过国务院机构改革和职能转变方案，明确提出要整合四大公共资源交易板块，建立统一规范的公共资源交易平台。2015 年 8 月，国务院办公厅发布了《关于整合建立统一的公共资源交易平台工作方案的通知》，进一步推动了全国公共资源交易平台体系的基本形成，促进了公共资源交易数据的汇聚和融合。2019 年，国务院办公厅再次转发国家发展改革委《关于深化公共资源交易平台整合共享指导意见的通知》，对公共资源交易平台的整合与共享提出了更高要求。同年 12 月，《全国公共资源交易目录指引》将机电产品国际招标、海洋资源交易、林权交易、农村集体产权交易、无形资产交易、排污权交易、碳排放权交易等九大类十六小类公共资源纳入交易平台。2022 年 3 月，《中共中央 国务院关于加快建设全国统一大市场的意见》要求推动交易平台优化升级，将公共

---

① 许敏雄、卢俊峰、赵宏钧：《深化公共资源交易平台改革的对策研究——以无锡市为例》，《江南论坛》2019 年第 3 期。

资源交易平台覆盖范围扩大到适合以市场化方式配置的各类公共资源，加快推进公共资源交易全流程电子化，积极破除公共资源交易领域的区域壁垒。

上述文件的出台极大地推动了公共资源交易平台的建立与整合，在此过程中，公共资源交易平台的业务范围也在不断拓展，以平台为依托的公共资源交易数据不断累积、持续更新，这些公共资源交易数据蕴藏着海量有价值的信息，能够产生极大的社会和经济价值。

（二）公共资源交易数据的定义及特征

在现行法律体系中，公共资源数据尚无专门定义，其内涵与外延也并不清晰，但是参照《中华人民共和国数据安全法》（以下简称《数据安全法》）中关于数据的一般性定义，可以将公共资源交易数据定义为在公共资源交易活动中产生的，以电子或非电子形式记录的信息。这些数据涵盖的范围和领域十分宽泛，包括工程建设招投标、政府采购、土地使用权和矿业权转让、国有产权交易等多个关键领域。目前公共资源交易主要有三大平台，即电子交易平台、电子服务平台、电子监管平台，三大平台分别形成了公共资源交易数据、服务数据、监管数据（见图1）。交易数据主要记录公共资源交易过程中的关键信息，如交易价格、时间、双方、合同期限等；服务数据反映公共资源交易服务机构提供的服务效能和质量；监管数据详细记录监管部门对公共资源交易活动的监管措施和结果。

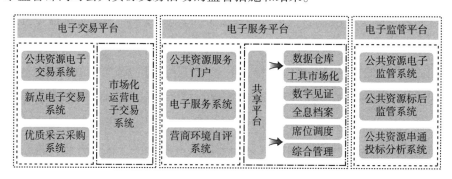

图1 芜湖市公共资源交易三大平台

资料来源：作者自制。

相较于其他数据资源，公共资源交易数据具备显著优势。第一，其覆盖范围广泛，数据量庞大。随着公共资源交易市场的快速发展和不断完善，更多领域被纳入电子化交易范畴，如海洋资源交易、用能权交易等，使得公共资源交易数据呈现出覆盖广泛、数量巨大的特点。数据显示，仅2024年前四个月，全国公共资源交易量就高达39万宗，海量的交易量汇聚了海量的交易信息，为数据的深度分析和应用提供了丰富的资源。第二，公共资源交易数据质量较高。这些数据直接来源于真实的交易活动，因此其真实性和合法性水平较高，为数据的可信度和权威性提供了有力保障。第三，公共资源交易数据价值高，潜力巨大。交易数据、招投标数据、评标数据、履约数据等蕴含着丰富的、有价值的信息，这些数据不仅记录了交易活动的历史信息，还能反映市场主体的行为轨迹、交易项目的运行状况等。通过对这些数据的深入分析和挖掘，可以揭示潜在的市场机会和风险点，为政府决策、市场监管和企业经营提供有力支持。

二 公共资源交易数据价值化的困境及成因

公共资源交易数据的巨大价值已经成为基本共识，各地也在积极探索公共资源交易数据的价值化路径，从总体来看，公共资源交易数据仍然存在质量较低、格式不统一、开发利用深度不足的问题，公共资源交易数据开发形成的数据产品和服务较少，其价值远未释放。

（一）公共资源交易数据价值化的现状

从实践层面来看，公共资源交易数据价值化面临以下问题。

第一，公共资源交易数据的碎片化。每一个交易项目的信息数据分段公开、零散分布，无法形成一个项目完整的信息数据，数据的零碎化也在一定程度上降低了数据的价值。[①] 而各个交易平台的数据信息并未流通共享，平

---

① 王从虎、李子林：《公共资源交易数据治理创新的内在逻辑——以贵州省域数据共享与治理为例》，《中国高校社会科学》2023年第5期。

台之间的数据壁垒问题仍然十分严重，这也构成了公共资源交易数据汇聚融合的障碍。再者，公共资源交易的开展及监管涉及多个部门，包括发展改革委或者政府部门指定的负责统筹指导和协调工作的部门，各级招标投标、财政、自然资源、国有资产等行政监督管理部门以及公共资源交易平台等，多元主体以及潜在的利益冲突增加了数据治理的协调难度，加剧了公共资源交易数据的碎片化。①

第二，公共资源交易数据的数据标准化与规范化不足。公共资源交易类型多样，但尚未形成统一的公共资源交易数据规范化与格式化标准，导致数据格式不一、数据的质量水平参差不齐。另外，由于平台间数据交互标准的缺失，数据共享端口尚未完全打通，数据管理的显著差异加剧了数据孤岛现象。数据来源的多样性和标准的不统一，使得数据质量标准难以达成共识，数据重复、错误、缺失等问题频发，严重影响了数据分析的准确性和可靠性。

第三，公共资源交易数据的利用深度不足，价值化的场景十分有限。公共资源交易平台在数据应用上主要停留在基础能力统计和各行业交易投资水平统计等初级阶段，缺乏对海量数据的深入分析和挖掘。这种浅层次的数据应用未能发掘出具有共性、普遍性规律以及可开发利用的标准化数据，另外，基于公共资源交易数据形成的数据产品和服务较少，数据赋能以及数据价值化的效应不明显。

（二）公共资源交易数据价值化困境的成因

公共资源交易数据价值化的困境存在多重原因，一是数据安全底线不清晰，对安全风险和潜在责任的担忧阻碍了公共资源交易数据的开发利用；二是数据权属以及利益分配机制不明确，使得各主体缺乏足够的激励与动力；三是市场主体缺少参与渠道，公共资源交易数据开发的市场化程度不够，而

---

① 王丛虎、王晓鹏、肖源：《浅论基于区块链的公共自愿交易信用治理策略》，《电子政务》2020 年第 8 期。

公共机构开发利用公共资源交易数据的能力和创新性不足。

第一，数据安全底线界定不清异化了各方参与主体的行为，对于数据安全风险以及由此产生的责任的担忧使得各方主体在数据再利用的问题上倾向于采取过于保守的态度。《关于深化公共资源交易平台整合共享的指导意见》规定：不得将重要敏感数据擅自公开及用于商业用途。2021年《数据安全法》的出台标志着数据安全进入新的阶段。其中第六条规定，各地区、各部门对本地区、本部门工作中收集和产生的数据及数据安全负责。《中华人民共和国民法典》以及《中华人民共和国个人信息保护法》的制定提升了对个人信息的保护水平。而公共资源交易数据中可能包括个人信息、企业数据、国家秘密等，在数据泄露以及滥用事件频发的背景下，数据安全风险成为各部门在开放使用公共资源交易数据时的重要考量因素，数据控制、持有、使用主体甚至会通过"不作为、不流通"以规避潜在的法律风险和责任。[①] 另外，数据安全风险也影响了市场主体参与公共资源交易数据再利用的意愿和信心，因为数据泄露和滥用将为企业带来严重的法律责任、经济损失和声誉损害。

第二，数据权属与利益分配机制不明晰导致开发利用公共资源交易数据的激励不足。公共资源交易数据涉及多元主体，包括监管部门、平台运行服务机构、采购人、投标人、评审专家、采购代理机构等，错综复杂的利益结构滋生了协调难题，由于缺乏数据权属规定，各主体在数据使用和共享时存在权属争议，影响数据的流通和利用效率。此外，利益分配机制的不明确也导致各主体在数据开发利用中无法就其投资回报形成合理而稳定的预期，降低了其参与数据开发利用的积极性。另外，由谁来负责推动公共资源交易数据的开发和利用，谁有权获得公共资源交易数据的开发和利用权，谁来负责公共资源交易数据再利用的安全监管，再利用产生的收益如何分配等问题尚未解决。

第三，公共资源交易数据再利用的市场化程度不足，市场主体缺乏开发利用公共资源交易数据的渠道。较之公共部门，市场主体具有资金、技术、

---

① 刘金瑞：《数据安全范式革新及其立法展开》，《环球法律评论》2021年第1期。

场景等诸多优势，可以有效推动公共资源交易数据的价值化。但问题在于，过去，引入私人企业开发利用公共资源交易数据缺乏法律依据，相关的制度机制缺失，故而导致企业和其他社会组织难以有效获取这些数据。诚然，过去中央和地方政府也在推动政府数据开放，但是政府数据开放的范围十分狭窄，开放的数据质量不高且时效性不强，这些有价值的公共资源交易数据并未充分开放。因此，尽管公共资源交易数据价值颇高，但由于公共部门欠缺开发利用数据资源的能力，导致大量有价值的数据未能转化为实际的社会和经济效益。

三 芜湖公共资源交易数据价值化的有益探索

为推动公共资源交易数据的价值化，芜湖市大数据公司积极推动公共资源交易平台开展市场化和数智化转型，率先以数算融合为基础推动公共资源的再利用。

（一）芜湖市公共资源交易平台市场化与数智化转型背景

安徽省自2014年起积极探索省市共建公共资源交易平台，完善监管体制和运行机制，统一市场规则，提升服务水平。自2015年1月起，安徽在全省范围内推行"省市共建、市县一体"的公共资源交易平台整合，出台了首个全国性公共资源交易规章制度，对原有制度进行全面清理，实施统一运行机制。2023年1月，《安徽省公共资源交易管理联席会议办公室关于印发2023年全省公共资源交易工作要点的通知》明确对标全国统一大市场建设部署要求，着力打造高效规范、公平竞争、充分开放的高标准公共资源交易市场体系，创建一流公共资源交易市场营商环境工作并保持位于全国前列，聚焦"一张网"，持续推动平台系统数字化转型。

芜湖市公共资源交易中心联合芜湖市大数据公司成功构建了一个现代化交易平台，具有交易便捷、服务标准、监管智慧、高效安全的特点，持续推进公共资源交易平台的市场化数智化转型。公共资源交易平台的数智化包括三重目标及功能，一是提升平台服务效能，使平台在服务质量、交易效率、用户体验等方面不断提升，以满足市场主体的多元化需求，并且通过吸引更多的社会资本进入公共资源交易领域，推动平台实现规模化、专业化发展。二是通过应用大数据、云计算、人工智能等先进技术，实现交易流程的数字化、智能化，提高交易效率，降低交易成本。三是通过数字化平台提供丰富的数据分析资源，帮助市场主体更好地了解市场需求，提升服务质量。

（二）数算融合平台推动公共资源交易数据价值化的路径

芜湖市大数据公司搭建了数算融合平台，为公共资源交易数据价值化提供保障。数据中台是指集数据采集、融合、治理、组织管理、智能分析为一体，将数据以服务方式提供给前台应用，以提升业务运行效率、持续促进业务创新为目标的整体平台。[①] 芜湖市大数据公司推动建立了数算融合平台，将数据中台与算力中台打通，形成了集长三角枢纽芜湖集群算力调度与公共服务平台、资产管理平台（数据仓库）、资产运营平台、数据融合计算平台等为一体的集成性的数据中台（见图2）。数算融合平台整体采用"1+4+2"架构，围绕"管、排、调、营、测"五位一体，基于自主可控完成1个统一门户，资源管理、交易服务、编排调度和监控运维4个中心主体能力建设，形成资源纳管和服务运营两套标准规范体系，全省算力资源一本账、算力调度一平台、算力服务一站式、算力对接标准化、算力合作一体化，安全服务集约化。数算融合平台为数据采集、数据加工处理、数据加密传输、数据存储、数据授权使用等环节在内的数据资产化全生命周期提供了技术支撑，能够有效平衡安全和利用。

数智平台有力推动了公共资源交易数据整合与共享，还能够推动数据标准化，确保不同来源的数据能够遵循统一的标准和规范，提高了数据的质量和可用性（见图3）。第一，在公共资源交易数据采集环节，数算融合平台

---

① 苏萌、贾喜顺、杜晓梦、高体伟：《数据中台技术相关进展及发展趋势》，《数据与计算发展前沿》2019 年第 5 期。

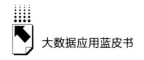
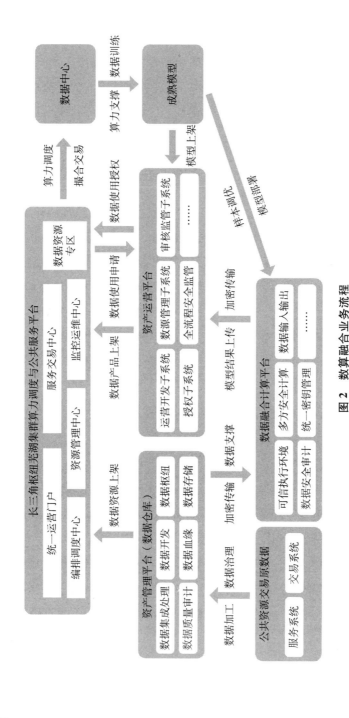

图 2 数算融合业务流程

资料来源：作者自制。

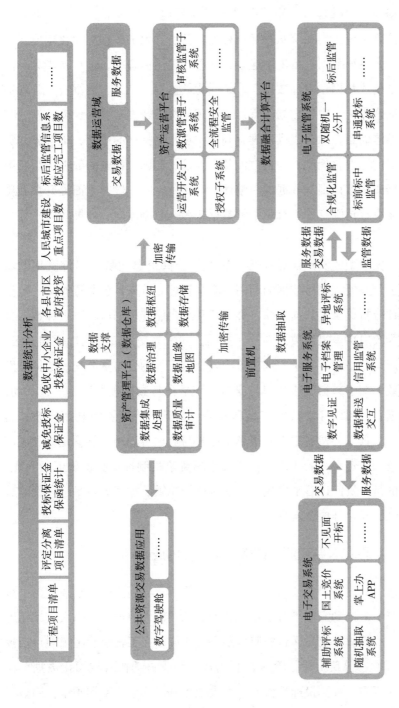

图 3　数智平台中数据流转路径

资料来源：作者自制。

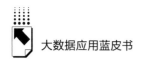

推动了数据的汇聚融合，克服了公共资源交易电子交易系统、电子服务系统、电子监管系统三大系统互联互通程度较低所导致的数据碎片化困境。在该环节，三大系统数据进行汇聚融合，加密传输至前置机，进行初步分类汇总，形成结构化数据、附件数据、非结构化数据等。第二，数据资产管理平台作为数据仓库，集中对数据进行加工治理，提升数据质量，保障数据的存储安全。具体而言，数据集成处理有利于实现数据标准的统一，提升公共资源交易数据的标准化程度，并且对涉及个人信息和国家秘密的数据进行脱敏处理；数据质量审计则从数据的完整性、一致性、唯一性等方面提升数据质量；数据血缘分析则有助于直观了解数据来源、数据流向、数据间关系等重要信息。

融合了大模型的资产运营平台，拓宽了公共资源交易数据价值化的场景，实现了公共资源交易数据的利用与安全管理。首先，公共资源交易数据为数据统计分析提供了数据支撑，资产运营平台能够根据市场需求和数据分析结果，为政府决策提供数据支持，推动公共资源交易市场的优化和升级。其次，资产运营平台有利于实现全流程安全监管下的公共资源交易数据开发利用，有效平衡了数据流通利用与安全。该平台与数据融合计算平台联动，引入了大模型，辅助开发数据产品和服务，提升了数据资源利用效率；另外，芜湖市大数据公司通过引入市场主体参与数据再利用，能够充分利用市场主体的技术、资金和人才优势，通过市场竞争机制推动数据价值最大化。更为重要的是，资产运营平台还能够通过数据脱敏、加密等技术手段保障数据的安全性，并且开展全流程的数据安全监管。

（三）芜湖市公共资源交易数据价值化的成效

芜湖市大数据公司在公共资源交易数据价值化方面的探索实践取得了显著成效。第一，推动实现平台数智化转型。芜湖市大数据公司引入市场化思维和手段，不断提升交易平台的服务水平。例如，在工程建设施工项目招投标中，试行了"智慧快评"系统，利用技术手段自动抓取结构化数据、比对投标企业资质、计算投标报价等，极大地提升了评审效率和质量，缩短了评审时长，提高了招投标活动的整体效能。

第二，推动公共资源交易数据的价值化。例如，芜湖市大数据公司以丰富的历史交易数据为基础，加工形成统计分析报表以及全息档案等，包括但不限于工程项目清单、评定分离项目清单、投标保证金保函统计、人民城市建设重点项目数等。这些统计分析数据有利于分析当地公共资源交易的情况，监督公共资源交易过程；了解参与招投标企业的行为轨迹及信用状况，从而为免收投标保证金提供数据支撑等。具体而言，芜湖市大数据公司与多家银行签署"中标贷"战略合作协议，推出了具有芜湖特色的"中标 e 贷"系统，为银企合作搭建平台，有效解决了中标单位面临的融资难题。

第三，有效平衡公共资源交易数据的利用与安全。数智平台通过引入技术化手段，包括数据脱敏、数据匿名化、加密传输等，在技术层面有效防范了数据安全风险；数据融合计算平台通过多方安全计算、统一密钥管理、数据安全审计等手段为数据处理提供了安全可信环境；资产运营平台则为公共资源交易数据的授权使用与加工处理提供了安全域，通过全流程安全监管实现了公共资源交易数据全生命周期的安全管理。

四 面向未来的公共资源交易数据价值化

（一）建立数算融合平台，为数据价值化提供基础设施保障

数算融合平台有利于实现公共资源交易数据的汇聚融合、数据治理、数据授权使用以及数据安全监管等目标。数算融合平台包含以下几个重要组成部分。

第一，应当建立统一的公共资源交易数据技术底座。该技术底座提供了大数据的接入存储、资源管理、加工计算、知识挖掘、共享发布、运营管理、流通交付等全链条能力。在此基础上，应当增加数据资产管理内容，升级数据资产管理平台，将数据资源转化为数据资产，理顺原始数据和数据产

品的源流和逻辑关系。

第二，应当搭建数据资产运营平台。建立自有数据全量、全要素归集和开发利用的长效机制，并且从数据申请、数据加工、数据利用合规审核、数据产品安全监管等全流程进行管理，进而实现数据利用过程的安全可控。

第三，还应当整合建立算力调度服务平台。结合行业数据应用和大模型等特殊应用的特点，以数据专网、隐私计算、区块链等技术为核心构建虚拟的空间，为公共资源交易数据的再利用提供安全可信的环境，增进参与者信任，降低参与主体的搜寻议价成本，促进供需双方的匹配。

（二）引入大模型，辅助数据产品服务开发及安全管理

基于数据中台与算力调度平台能力，以数算资源集约供给为基础，引入通用大模型和行业垂域大模型，能够为数据价值化探索和数据流通提供应用能力支撑。以深度理解和自然语言算法为基础的大模型能够精准理解使用者意图，并且通过快速、全面的检索，实现以数据为基础的反馈。随着大模型泛化能力的提升，可以利用公共资源交易数据对大模型进行微调，从而开发公共资源交易领域的专项人工智能。更为难得的是，在人类监督反馈学习的训练方式下，大模型经过了价值对齐过程，能够根据人类价值观调整反馈结果。大模型的赋能效应体现在以下方面。

第一，经过海量专业数据投喂的大模型能够扮演公共资源交易领域的专家角色，解答提问者问题，并且通过对海量数据的分析和挖掘，发现数据背后的规律和趋势，为政府科学决策提供有力支持。

第二，通过语义分析，大模型能够对公共资源交易数据进行分类分级，对个人信息、重要数据等进行打标，提升数据的安全管理水平。

第三，大模型能够根据使用者需求，开发形成公共数据产品和服务，提升公共资源交易数据的利用效率。

第四，大模型能够根据交易双方的需求和偏好，提供个性化的交易信息和建议。这不仅可以提高交易效率，降低交易成本，还能增强市场参与者的满意度和忠诚度。

第五，通过构建风险分析模型，结合历史数据和实时数据，对潜在风险进行识别和预测，帮助交易双方及时发现和应对风险，保障交易的顺利进行。

（三）落实分类分级，平衡公共资源交易数据利用和安全

《数据安全法》明确提出数据分类分级的要求，旨在构建科学有效的数据安全保障体系，确保数据依法有序流动。公共资源交易数据作为重要资源，可以包含大量的个人信息、企业秘密、国家秘密等数据信息，安全保障显得尤为重要。通过将公共资源交易数据划分成不同的类别和不同的级别，就能确定与类别和级别匹配的安全保护水平和措施，这不仅有助于实现数据的精细化管理，更有利于在保障数据安全的前提下实现数据的最大化利用。[1]

应当根据不同数据的重要性和敏感度，采取差异化的安全措施。一是对于重要数据与核心数据，应当加强保护力度。这些数据往往涉及国家安全、经济安全、社会稳定等关键领域，一旦泄露或被滥用，将可能造成严重后果。因此，必须采取严格的技术和管理措施，确保数据的安全性、完整性和可用性。二是保障个人信息处理活动具备合法性基础。在公共资源交易过程中，往往涉及大量的个人信息处理活动。这些活动必须遵守相关法律法规，确保个人信息的合法收集、使用、加工、传输、提供和公开。同时，还应建立健全个人信息保护制度，加强个人信息保护宣传教育，提高个人信息保护意识。三是对于其他非敏感数据，应当在保障安全的前提下，推动数据资源的共享和开放，促进数据的创新应用，实现数尽其用。

还应当根据公共资源交易数据的开发利用方式匹配差异化的制度和技术保障措施。对于那些以批量数据集的提供为内容的数据产品和服务，应当基于原始数据集采用脱敏、差分隐私、数据水印等技术方式进行加工，形成衍生数据集，然后采用国密 CA 加密的方式，并且基于区块链智能合约进行分

---

[1] 洪延青：《国家安全视野下的数据分类分级保护》，《中国法律评论》2021 年第 5 期。

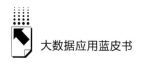
发。以数据接口形式提供的数据产品和服务，其安全保障措施取决于数据加工利用过程是否存在外部人员的介入。如果不涉及外部人员的参与，则应进行数据产品测试，确保数据产品可控可计量。如果需要外部开发人员介入开发过程，则应基于隐私计算、数据沙箱等技术方式保障数据开发和测试过程的"数据可用不可见"，并通过签订保密协议、开发终端安全管控等手段保障数据安全。

（四）引入公共数据授权运营，创新数据再利用机制

浙江、安徽、北京、厦门等地在公共数据授权运营方面进行了积极的探索和实践，这些省市相继出台了专门的公共数据授权运营管理办法，并通过建设运营专区、成立数据集团、征集运营主体等多种方式，推进公共数据的开发利用。

第一，公共数据授权运营能够为市场主体参与公共资源交易数据的再利用提供渠道。在公共数据授权运营中，市场主体的参与是不可或缺的。传统的公共数据管理模式往往由政府主导，缺乏市场主体的参与和创新。而授权运营模式通过引入市场主体，如数据开发企业、数据分析机构等，将公共数据的开发和利用推向市场，激发了市场主体的创新活力。这些市场主体具备丰富的数据开发经验和专业的技术团队，能够深入挖掘公共资源交易数据的潜在价值，开发形成更多优质的数据产品和服务。同时，市场主体的参与也促进了公共数据资源的优化配置和高效利用，推动了公共资源交易领域的创新发展。

第二，通过搭建专业的运营平台，可以实现对公共资源交易数据的集中管理、统一授权和有效监管。这一平台不仅为市场主体提供了数据获取、处理和分析的便利条件，还通过技术手段确保了数据的可用不可见。在保障数据开发利用的同时，平台还注重数据的安全性和隐私性，通过加密、脱敏等技术手段，防止数据泄露和滥用。这种机制在保障数据开发利用的同时，最大限度地确保了数据的安全性和隐私性。

五　结语

数据要素价值已经成为新质生产力的典型代表，其价值化路径的充分挖掘也成为国内各地探索数字经济"二次攀登"的关键。芜湖市的数算平台事实上是在探索建设一种数字经济交易流通的"新型基础设施"——通过公共资源数据交易这一场景切入，利用制度+技术的双重设计最大程度上实现"安全前提下的发展"要求，实现了场景化公共数据价值化的"芜湖模式"。当前信息时代正加快进入智能计算的发展阶段，人工智能技术上的突破层出不穷，"数算融合"必将成为未来数据交易流通的主要价值化路径。应当有面向全球与面向未来的视野，前瞻性地布局数字经济发展新型基础设施，把推动数据要素价值化的路径探索融合进推动科技跨越发展、产业优化升级、生产力整体跃升当中，才能真正实现数字时代经济的高质量发展。

B.8

基于人工智能的两癌筛查全生命周期监管体系构建

毛 建 曹庆荣 张安慧 刘 恺 黄朝辉*

摘 要: 宫颈癌是女性第四大常见癌症,在女性生殖道恶性肿瘤中居于第一位。实践证明,宫颈癌是一种可以预防的癌症,若早期发现,90%以上的患者可治愈。但是长期以来,我国宫颈癌筛查工作受病理医师缺失、医疗资源不均衡、医疗投入不足等因素限制,筛查质量和效率存在诸多问题。本文分析我国宫颈癌筛查工作现状,系统梳理筛查工作存在的问题和不足,针对现有计算病理学研究与辅助诊断模型存在的泛化能力弱、可解释性差、领域偏置强等问题,重新思考并制定该领域的研究路径,提出宫颈癌细胞学病理诊断大数据知识图谱新理念,搭建基于人工智能的宫颈癌筛查全生命周期监管平台,提供包括筛查业务管理、筛查质控、筛查可视化监管、人工智能辅助诊疗、筛查实验室管理等内容,进而提出全过程两癌筛查服务整体方案。以安徽省芜湖市为例,简要介绍整个体系的应用成效。

关键词: 宫颈癌 全过程监管 人工智能 两癌筛查 辅助诊疗

* 毛建,博士研究生,硕士生导师,高级工程师,长三角信息智能创新研究院医学人工智能实验室主任,皖南医学院产业教授,主要研究方向为医学人工智能、空间数据挖掘与知识发现等;曹庆荣,中国科学技术大学附属第一医院肿瘤内科护士长;张安慧,硕士生导师,副主任医师,芜湖市妇幼保健院医教科科长,芜湖市卫生优秀人才,主要研究方向为妇幼保健管理、儿童心理行为发育评估及干预;刘恺,高级工程师,安徽省妇女儿童保健中心健康教育科长,主要研究方向为妇幼信息化、公共卫生管理;黄朝辉,博士研究生,副主任医师,安徽省妇女儿童保健中心信息科科长,主要研究方向为少儿卫生与妇幼保健学。

一 引言

"两癌"筛查即宫颈癌和乳腺癌（以下简称"两癌"）筛查，是一项关爱女性健康的公益活动。两癌发病率在我国女性常见恶性肿瘤发病率中一直居于高位，是威胁女性生命健康最常见的恶性肿瘤。2018 年，我国共有 10.6 万例宫颈癌病例，4.8 万例宫颈癌死亡病例，占全球宫颈癌病例的近五分之一。近年我国宫颈癌发病率和死亡率呈长期增长趋势，宫颈癌防治已刻不容缓。①② 研究表明，与 2020 年宫颈癌死亡率相比，2023 年开展 HPV 疫苗接种对全球宫颈癌死亡率的影响微乎其微，而在 HPV 疫苗接种的基础上，若每位适龄妇女一生接受 2 次宫颈癌筛查，到 2023 年可使宫颈癌死亡率下降 34.2%，避免 30 万~40 万宫颈癌死亡病例，到 2027 年，宫颈癌死亡率可下降 88.9%，避免 1460 万宫颈癌死亡病例。③

中共中央、国务院高度重视两癌筛查工作。2021 年，国务院印发的《中国妇女发展纲要（2021-2030）》中关于妇女与健康主要目标提出，"适龄妇女宫颈癌人群筛查率达到 70% 以上，乳腺癌人群筛查率逐步提高；加强宫颈癌筛查和诊断技术创新应用；提高筛查和服务能力，加强监测评估"④。同年，国家卫生健康委研究制定的《宫颈癌筛查工作方案》和《乳腺癌筛查工作方案》指出，"创新宫颈癌筛查模式，积极运用互联网、人工智能等技术，提高基层宫颈癌防治能力；对参与宫颈癌筛查工作的医疗机构及外送检测机构开展全流程质量控制；妥善保存宫颈癌筛查原始资料，推动

① Arbyn M., Weiderpass E., Bruni L., et al., "Estimates of Incidence and Mortality of Ceryical Cancer in 2018: A Worldwide Analysis", *Lancet Glob Health*, 2020, 8（2）: e191-e203.

② Xia C., Dong X., Li H., et al., "Cancer Statistics in China and United States, 2022: Profiles, Trendsand Determinants", *Chin Med I（Engl）*, 2022, 135（5）: 584-590.

③ Canfell K., Kim J., Brisson M., et al., "Mortality Impact of Achieving WHO Cervical Cancerelimination Targets: Acomparative Modelling Analysis in 78 Low-income and Lower-middle-income Countries", *Lancet*, 2020, 395（10224）: 591-603.

④ 国家统计局：《2021 年中国妇女发展纲要（2021-2030 年）统计监测报告》，《中国信息报》2023 年 4 月 21 日。

建立个案信息管理系统实现信息数据的互联共享"。2023年，国家卫生健康委印发的《加速消除宫颈癌行动计划（2023—2030年）》提出，"到2025年，适龄妇女宫颈癌筛查率达到50%；宫颈癌及癌前病变患者治疗率达到90%。到2030年，适龄妇女宫颈癌筛查率达到70%；宫颈癌及癌前病变患者治疗率达到90%。积极推广宫颈癌筛查和诊疗适宜技术，探索运用互联网、人工智能等新技术优化宫颈癌筛查和诊疗服务流程"①。

近年来，随着科学技术的快速发展、AI产品应用的蓬勃发展，AI在宫颈癌的预防和控制中、在基于细胞学的筛查和基于图像模式识别的阴道镜检查中也显示出了良好的前景。AI技术或系统的应用，可以智能地识别病变，并帮助医务人员进行临床检查和诊断，减轻医疗条件薄弱单位的诊断困难。②③④ 相较于传统筛查，AI辅助筛查能够提高筛查的灵敏度、特异度和准确度，有研究显示，AI辅助筛查的灵敏度、特异度和准确率分别可达100%、90.68%和97.80%。⑤⑥⑦

二　两癌筛查工作存在的问题

目前，国内外采用的宫颈癌筛查方法主要有细胞学检查和人乳头瘤病毒

---

① 《关于印发加速消除宫颈癌行动计划（2023-2030年）的通知》，《中华人民共和国国家卫生健康委员会公报》2023年第1期。
② 朱毅、王悦：《宫颈癌筛查技术的新进展》，《中国妇产科临床杂志》2023年第1期。
③ Selmouni F., Guy M., Muwonge R., et al., "Effectiveness of Artificial Intelligence-Assisted Decision-Making to Improve Vulnerable Women's Participation in Cervical Cancer Screening in France: Protocol for a Cluster Randomized Controlled Trial (AppDate-You)", *JMIR Res Protoc*, 2022.11（8）: e39288.
④ Vargas-Cardona H. D., Rodriguez-Lopez M., Arrivillaga M., et al., "Artificial Intelligence for Cervicalcancer Screening: Scoping Review, 2009-2022", *International Journal of Gynecology & Obstetrics*, 2024, 165（2）: 566-578.
⑤ 李雪、石中月、杨志明等：《人工智能辅助分析在宫颈液基薄层细胞学检查中的应用价值》，《首都医科大学学报》2020年第3期。
⑥ 吕京澴、樊祥山、沈勤等：《人工智能辅助宫颈液基细胞学诊断可行性的多中心研究》，《中华病理学杂志》2021年第4期。
⑦ 朱孝辉、李晓鸣、张文丽等：《人工智能辅助诊断在宫颈液基薄层细胞学中的应用》，《中华病理学杂志》2021年第4期。

（human papilloma virus，HPV）检查，部分有条件的国家或地区会采用两者串联筛查，以提高筛查质量。[1][2] 安徽省的宫颈癌筛查以细胞学检查为主，HPV 检测的使用率非常低。研究发现，在实验条件和技术水平较高的发达国家，细胞学检查的灵敏度高达 80%~90%，而在实验条件和技术水平有限的国家或地区，灵敏度可能低至 30%~40%。[3]

安徽省自 2009 年始开展适龄妇女宫颈癌免费筛查项目，截止到 2022 年，全省已累计完成 628 万人次的宫颈癌筛查，发现癌前病变超 2 万例，确诊宫颈癌 1400 例。然而，在安徽省的实践中发现，基层医疗机构普遍存在专业技术人员匮乏、科室整体建设滞后、病理诊断水平偏低以及人工检测效率低、错误率高等问题，现状很大程度上制约了消除宫颈癌行动计划的实施[4]，导致两癌筛查工作面临挑战，影响了两癌筛查工作的开展和普及。

现阶段，两癌筛查工作存在的主要问题可以归纳为：覆盖率严重不足、医疗投入不足、第三方检验无序操作、筛查质控手段缺失和全流程监管缺失。

（一）覆盖率严重不足

2023 年，国家卫生健康委、教育部、民政部、财政部等十个部门联合印发《加速消除宫颈癌行动计划（2023-2030 年）》，指出 2025 年适龄妇女宫颈癌筛查覆盖率要达到 50%，2030 年达到 70%。然而，根据安徽省实践来看，达到这样的目标还存在较大差距。当前，安徽省农村免费宫颈癌筛查覆盖率约为 15%，城镇适龄妇女筛查覆盖率不详，总体上远低于目标覆

① Swanson A. A., Pantanowitz L., "The Evolution of Cervical Cancer Screening", *Journal of the American Society of Cytopathology*, 2024, 13（1）：10-15.

② Padavu S., Aichpure P., Krishna Kumar B., et al., "An Insight into Clinical and Laboratory Detections for Screening and Diagnosis of Cervical Cancer", *Expert Rev Mol Diagn*, 2023, 23（1）：29-40.

③ Zhang S., Xu H., Zhang L., et al., "Cervical Cancer: Epidemiology, Risk Factors and Screening", *Chinese Journal of Cancer Research*, 2020. 32（06）：720-728.

④ 栾焕玲、杜晓楠、徐强：《基层医院病理科面临的困境及发展思路》，《中国农村卫生》2023 年第 4 期。

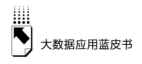

盖率。部分地区存在"宫颈癌是老人病"等错误观念，短时间内难以纠正，导致适龄妇女对宫颈癌筛查不重视，影响了免费筛查的推广。同时安徽省农村两癌筛查项目每人投入为49元，每年需为60万适龄妇女提供免费宫颈癌筛查。然而，高质量的人员组织、仪器配备、样本运输等一系列必要准备均需要较高的成本，无论从单价还是总体投入来看，全省两癌筛查经费投入均远远不够，这在一定程度上影响了免费两癌筛查项目的效率，提升筛查覆盖率仍任重而道远。

（二）医疗投入不足

医疗投入主要指在两癌筛查过程中投入的医疗专业相关资源，如专业人员、硬件设备、技术手段等。以专业人员投入为例，根据安徽省两癌筛查实践，现阶段基层从事宫颈细胞学的专业人员较少且资源能力有限，存在病理医生缺失的情况，这种情况一定程度上制约了宫颈癌筛查工作开展。综合评估安徽省在两癌筛查中的医疗投入可以发现，安徽省现有筛查能力、筛查水平、技术手段、硬件设备等条件均无法支撑两癌筛查工作高覆盖、高质量、高效率进行，很难完成《"健康中国2030"规划纲要》、《中国妇女发展纲要（2021－2030年）》，以及《加速消除宫颈癌行动计划（2023—2030年）》要求的目标任务。

（三）第三方检验无序操作

近年安徽省多采用委托第三方检验公司的方式开展免费筛查项目，若第三方检验无序操作，配备人员经验不足、技术水平不足，将面临重大风险。2020~2022年宫颈癌筛查的数据显示，安徽省各项目县区三年宫颈癌筛查阳性检出率在0.1%~8.1%，不同县区差距过大，阳性检出率较低的有：2020年明光市为0.18%，石台县为0.33%，青阳县为0.97%，2021年明光市为0.57%，这些地区的阳性检出率不足1%，显著低于全省的平均水平（见表1）。结合以往年度数据，有的县区阳性检出率更低甚至长期出现0检出等情况，表明部分县区委托的第三方检测公司筛查质量不过关，无法准确检测出阳性人员，筛查存在遗漏，甚至可能存在弄虚作假。

第三方检验无序操作会严重影响筛查的准确性、及时性，影响免费两癌筛查项目在民众中的公信力，为实现两癌筛查的高质量、高效率、高覆盖率，规范、监督第三方检测公司的选用与检测操作必须是关注的重点。

表1　2020~2022年安徽全省宫颈癌筛查阳性率排序后10位县区

2020年		2021年		2022年	
县区	阳性率（%）	县区	阳性率（%）	县区	阳性率（%）
颍州区	1.96	宣州区	2.48	肥东县	2.92
埇桥区	1.84	埇桥区	2.2	泗县	2.81
杜集区	1.8	巢湖市	2.18	巢湖市	2.75
怀宁县	1.76	临泉县	2.04	郎溪县	2.71
贵池区	1.76	涡阳县	1.96	定远县	2.58
桐城市	1.7	界首市	1.9	青阳县	2.57
涡阳县	1.22	义安区	1.88	怀宁县	2.28
青阳县	0.97	颍泉区	1.85	颍泉区	2.13
石台县	0.33	青阳县	1.73	霍山县	2.02
明光市	0.18	明光市	0.57	裕安区	1.96
平均值	3.01	平均值	3.69	平均值	3.91

资料来源：作者自制。

（四）筛查质控手段缺失

筛查工作中常见的质量问题有：标本未按要求送达、信息登记错误、玻片质量不过关（玻片背景不干净、细胞染色不均匀、细胞核浆对比不明显、溢胶、细胞数量少）、结果不符等。这些问题会导致两癌筛查的准确率低，因此筛查质控手段必不可少。安徽省宫颈癌筛查省级质控每年开展1次，每次随机抽查1~3个县区宫颈脱落细胞学200~800张玻片开展质控工作。受质控人员数量以及设备、技术能力等因素限制，质控覆盖率较低，质控效果无法保证，现场质控无法真实发现存在的问题。省级无法对第三方机构进行质量控制，部分市县仅对结果进行抽样质控，常出现筛查结果低于体检检出

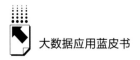
率，也远低于一般人群发病率的情况，表明安徽省筛查工作存在严重的质量问题，缺乏有效质控手段。

（五）全流程监管缺失

安徽省妇女儿童保健中心作为全省宫颈癌筛查工作的业务指导部门，重点放在数据分析和现场质控上。然而，采取以现场质控为主、不追踪全流程的监管方式存在显著弊端。从安徽省每年开展的宫颈癌检查项目实验室技术质量控制工作实践来看，存在质控覆盖率较低，以现场质控为主，未能全面追踪整个流程，无法真实发现潜在问题，质控的效果难以保证等问题。

全流程监管的缺失，导致筛查工作对各地市采样合格率、重复筛查率、制片合格率、阳性检出率以及漏诊误诊率等无法进行正确监督与分析，无法对第三方检测机构进行有效质控和监管，难以杜绝第三方机构弄虚作假、漏检、混检、误检等情况发生。对于两癌筛查工作，无法保证全流程监管会对筛查工作的质量和效率产生极大的负面影响。

三　基于人工智能的宫颈癌辅助诊疗体系建设

2021 年中国科大长三角信息智能创新研究院（以下简称"研究院"）推出宫颈癌人工智能辅助筛查技术，并在同年 6 月与芜湖市妇幼保健院合作建立全省首家实验室。研究院推出的人工智能宫颈癌检测方法为细胞形态学检测，与国内同类产品相比更接近人工病理检测方法，具有更强的技术优势。基于此项技术，研究院推出了人工智能辅助宫颈癌诊断云平台（见图1），实现对患者全流程闭环管理，建立了基于人工智能的宫颈癌辅助诊疗体系。经过两年验证及 10 万份样本测试，此项技术已经达到临床诊断标准，确保了 100% 样本制片、100% 样本分析、100% 阳性复核以及 100% 数据可追溯，显著提升了筛查工作的效率和质量。

（一）技术原理

人工智能辅助宫颈癌筛查技术是基于人工智能的宫颈癌辅助诊疗体系的

重要支撑，主要运用了机器视觉、人工智能、图像处理、模式识别等新一代信息技术，通过细胞量化特征参数全面地对数据化描述的细胞进行智能分类和识别，完成对每一个细胞是否正常或癌变的判断，同时细胞扫描信息可上传到TCT宫颈癌智能检测平台开展人工智能分析诊断，病理专家会远程复核生成报告，并将诊疗结果传输到云端以丰富样本，实现医疗资源共享、数据共享、技术共享、专家共享。

（二）人工智能宫颈癌筛查诊断平台

人工智能宫颈癌筛查诊断平台是基于人工智能的宫颈癌辅助诊疗体系的重要组成部分，其主要功能是进行癌细胞的智能识别，达到了细胞提取率100%的目标，具体包括细胞图像特征提取、细胞形态特征识别、大数据阳性病例库、病理专家人机培训等。该平台采用了深度学习等人工智能技术，实现了筛查工作信息化、智能化，在保证准确率的同时，节省了人力成本，大大提高了筛查效率。

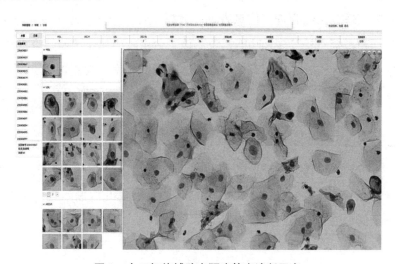

图1　人工智能辅助宫颈癌筛查诊断平台

资料来源：作者自制。

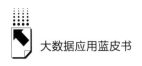
四 两癌筛查全生命周期监管平台建设

为推动两癌筛查工作的开展与进步，在人工智能宫颈癌辅助诊疗体系的基础上，长三角信息智能创新研究院建设了两癌筛查全生命周期监管平台。该平台构建了从采样→物流→制片→扫描→质控→分析→复核→报告签发→督导的全生命周期数字化监管体系，能够对所有检测样本进行实时监控和分析，在一定程度上解决了宫颈癌筛查实践中存在的全流程监管缺失等问题（见图2）。

（一）两癌筛查管理平台

两癌筛查管理平台总体设计、功能和业务流程满足中国疾病预防控制中心妇幼保健中心发布的《"两癌"筛查信息管理手册（2022年版）》和《"两癌"筛查工作规范》的要求，包含了登记管理、宫颈癌筛查管理、乳腺癌筛查管理、预约管理、信息查询、数据统计、个案管理、反结案管理、质控管理和系统对接等多种功能模块。该平台主要应用于两癌筛查工作中的信息登记与管理部分，能够有效提高信息管理的效率，为监管、质控、数据传输等提供辅助。

1.登记管理

两癌筛查管理平台的登记管理功能具有支持创建、编辑受检者个案登记信息，支持删除未提交的受检者个案登记信息，支持打印宫颈癌筛查知情同意书等功能，是输入信息的主要模块，能够有效提升两癌筛查信息的规范性，方便信息的存储与管理。

2.宫颈癌筛查管理

宫颈癌筛查管理是两癌筛查管理平台中以宫颈癌筛查信息为主要内容的模块，其包括病史情况管理、妇科检查管理、HPV检测管理、宫颈细胞学检查管理、阴道镜检查管理、组织病理检查管理、最后诊断管理等功能。这些功能涵盖了宫颈癌筛查诊断全流程产生的数据和信息，能够有效实现宫颈

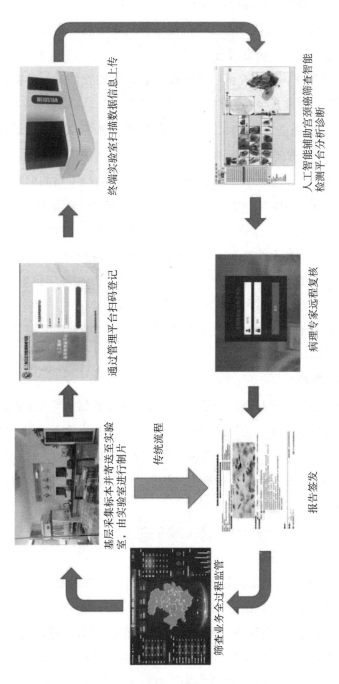

终端实验室扫描数据信息上传

人工智能辅助宫颈癌筛查智能检测平台分析诊断

通过管理平台扫码登记

病理专家远程复核

基层采集标本并寄送至实验室，由实验室进行制片

传统流程

报告签发

筛查业务全过程监管

图 2　两癌筛查全生命周期监管平台业务流程

资料来源：作者自制。

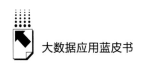

癌筛查过程的监管和质控。具体包括如下项目。

（1）病史情况管理。支持查询已登记受检者病史信息，支持记录包括孕产史、月经等情况在内的病史信息。

（2）妇科检查管理。支持查询已登记受检者妇科检查信息，支持记录包括分泌物、子宫颈等检查项在内的妇科检查信息。

（3）HPV检测管理。支持查询已登记受检者HPV检测信息、记录包括HPV分型在内的HPV检测结果。

（4）宫颈细胞学检查管理。支持查询已登记受检者TCT检测信息，支持记录包括取样方式、TBS分类结果等在内的宫颈细胞学检查信息。

（5）阴道镜检查管理。支持查询已登记受检者阴道镜检查信息，支持记录包括检查充分性、阴道镜初步诊断等在内的阴道镜检查信息。

（6）组织病理检查管理。支持查询已登记受检者组织病理学检查信息、记录包括组织病理检查结果在内的组织病理学检查信息。

（7）最后诊断管理。支持查询已登记受检者最后诊断信息、记录包括异常情况等在内的随访信息。

3.乳腺癌筛查管理

乳腺癌筛查模块是两癌筛查管理平台中以乳腺癌筛查信息为主要内容的模块，其包括病史情况管理、乳腺触诊管理、乳腺彩色超声检查管理、乳腺X射线检测管理、乳腺组织病理检查管理、最后诊断管理等功能。这些功能涵盖了乳腺癌筛查诊断全流程产生的数据和信息，能够有效实现乳腺癌筛查过程中的监管和质控。具体包括如下项目。

（1）病史情况管理。支持查询已登记受检者病史信息，支持记录包括孕产史、月经等情况在内的病史信息。

（2）乳腺触诊管理。支持查询已登记受检者乳腺触诊信息，支持记录包括分左右乳症状、体征等在内的乳腺触诊信息。

（3）乳腺彩色超声检查管理。支持查询已登记受检者乳腺彩超信息，支持记录包括左右乳囊肿、肿块、回声、分类等在内的乳腺彩超信息。

（4）乳腺X射线检测管理。支持查询已登记受检者乳腺X射线检测信息，支持记录包括左右乳肿块、恶性或可疑钙化、结构紊乱等在内的乳腺 X 射线检查信息。

（5）乳腺组织病理检查管理。支持查询已登记受检者乳腺组织病理检查信息，支持记录包括组织病理结果等在内的乳腺组织病理检查信息。

（6）最后诊断管理。支持查询已登记受检者最后诊断信息，支持记录包括最后诊断、临床分期（cTNM）等在内的最后诊断信息。

4. 预约管理

预约管理功能支持批量设置本年度可预约工作日信息、可预约人数、可预约时段；支持查询每日预约情况。该功能实现了检测机构、医疗人员和受检人员等多方协作，为提高使用便捷性和及时性，该功能提供了桌面端和微信小程序端入口。

5. 查询功能

查询功能主要应用于受检人员个案查询，查询页面可有针对性地选择"宫颈癌筛查个案"或"乳腺癌筛查个案"使用，支持通过年份、业务单号、年龄、地区等多类特定条件，查询各类受检人员数量、特定受检人员个案信息、状态，并且支持查看任意受检人员筛查记录、支持数据导出。

6. 数据统计

两癌筛查管理平台的数据统计功能支持新建筛查计划、查看辖区内两癌个案完成和结案数量、设定年度目标、查看辖区内两癌统计报表及明细和导出报表等。数据统计功能有利于相关人员和机构掌握两癌筛查工作的总体情况，从而更好地对情况进行规划和评估。

7. 个案管理

两癌筛查管理平台的个案管理包括支持对个案进行管理操作、支持任务退回和编辑操作、转诊管理、结案管理等功能。其中"对个案的管理操作"设置了随访情况管理、通过多类特定条件查询待随访个案以及对随访治疗情况进行记录等功能；"转诊管理"设置了查询待转诊异常个案、通过智能语音电话和短信通知受检者和打印转诊单等功能；"结案管理"设置了通过多

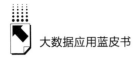

类特定条件查询待结案个案的功能，并支持由用户决定是否结案。这些功能有效保证了信息的及时性和全面性，使信息管理更加方便快捷。

8. 反结案管理

反结案管理分为两个部分，一是反结案申请管理，二是反结案审批管理。当结案个案需要反结案，相关信息录入人员可在平台内进行反结案申请，由审核人在平台内进行审批。反结案申请管理主要支持通过各类条件查询需要反结案的个案、申请反结案；反结案审批管理支持通过各类条件查询待审批的反结案申请、支持填写审批意见并决定是否同意反结案申请。相较传统的线下档案管理，两癌筛查管理平台的反结案管理更具有灵活性，能够更便捷、更高效地实现结案个案的纠正修改。

9. 质控管理

质控手段缺失是两癌筛查工作中的常见问题，为有效解决该问题，两癌筛查管理平台设置了质控管理功能。该功能主要分为质控任务管理和质控报告管理两个部分。其中质控任务管理包含查看质控中心下发任务、打印质控样本递送单和记录质控样本物流单号等功能，质控报告管理支持查看质控中心下发的质控报告和报告详情。质控管理功能可以起到监督和管控的作用，线上的质控记录有利于减少远程导致的质控相关信息传递不及时的情况，一定程度上提升了质控的有效性，实现了质控信息可追踪，为扩大质控覆盖率、提升质控效率提供了条件。

10. 系统对接

为确保数据共享，两癌筛查管理平台设置了系统对接功能，支持对接上级管理部门远程医疗平台病理诊断管理模块。不同部门在两癌筛查工作中有不一样的职责，该功能可以由操作部门对接管理部门，实现信息互通，便于管理部门及时获取基层信息，对两癌筛查工作进行分析和评估。

（二）细胞图像分析软件

细胞图像分析软件主要应用于两癌筛查工作中的样本分析和诊断复核，是辅助诊断的主要工具。该软件包含 TCT 玻片图像分析、微生物识别、异常细胞分析、OCR 识别和图像格式数字病理样本处理等功能。相较于传统的纯人工诊断，细胞图像分析软件具有速度快、准确率高的优点。目前单张数字玻片（20 倍）的分析速度能控制在 120 秒之内，大大提高两癌筛查工作中样本分析和诊断复核的效率，为工作质量提供保障。

1. TCT 玻片图像分析

细胞图像分析软件支持数字化 TCT 玻片图像分析功能。该软件能够依据现行 TBS 标准自动标注细胞分级建议结果供医生复核，并对已识别的 ASC-US、ASC-H、LSIL、HSIL 和 SCC 等类型异常细胞在数字病理图像上的位置进行自动定位和指引，有利于医生在诊断和复核时进行快速定位和判读。

2. 微生物识别功能

细胞图像分析软件支持微生物识别功能。该功能可以识别常见的霉菌、线索细胞、滴虫和放线菌，并进行精确地定位和标注，还通过人工智能技术实现了腺细胞异常识别，能够为医生诊断和复核提供定位和判读参考。

3. 异常细胞分析处理

细胞图像分析软件支持异常细胞分析处理功能。该功能可以识别出异常细胞，并对异常细胞进行精准分割、定位和分类展示，并提供编辑工具支持医生手工对异常细胞进行标注、重标注和分级分类。该功能为医生提供诊断参考的同时，可由医生直接在软件内进行复核和标注，软件与人工相结合，将有效减少纯人工和纯软件工作可能出现的识别分析错误，避免错误的分析结果对后续工作产生负面的影响，有利于保障两癌筛查质量。

4. OCR 识别

为使样本传输、查看、识别更便捷，细胞图像分析软件设置了 OCR 识别功能。要应用于一个市、一个省乃至更大区域，两癌筛查系统必须有输入和存储大量样本的能力，OCR 识别功能可自动识别一维码、二维码并支持数字 OCR 识别，能够高效快捷地对样本进行扫描和输入，为搭建详尽且可复核的样本库提供便利。

5. 图像格式数字病理样本

细胞图像分析软件能够对多种类型病理样本进行处理，包括 TIF、SVS

等图像格式数字病理样本。图像格式数字病理样本处理功能避免了因单一格式限制而导致的样本无法传输、存储和处理的问题，能够适配更多基层医疗机构，减少格式转换导致的效率低下，为样本上传和分析提供便利。

（三）远程病理诊断平台

远程病理诊断平台集诊断、数据分析、质控和监管等多功能于一体。包括玻片满意度评价、快速阅片、多维度查询、多模态综合复核等功能，在保证两癌筛查工作质量方面有重要意义。

1. 玻片的满意度评价

远程病理诊断平台支持依据现行 TBS 报告系统分类，对玻片的满意度进行评价，评价结果分为满意和不满意两类。针对不满意的玻片可以标注如细胞量少、扫描模糊、染色异常、溢胶等不满意原因，并选择进行重新扫描、重新制片或者重新取样等操作，对玻片效果进行改进，该功能可有效避免不规范玻片影响后续阅片结果。

2. 快速阅片

为提升病理医师阅片效率，远程病理诊断平台系统设置了快速阅片功能。该功能能够快速打开整张数字玻片图像、对异常细胞进行分类展示和多级加载，病理医师可通过该功能进行阅片，快速查看玻片图像、定位异常细胞，进行判读和诊断。

3. 多维度查询

为方便信息查询与管理，远程病理诊断平台也配备了多维度查询功能，可以根据病例号、日期、分析结果、质控结果等多维度查询，并支持导出列表。相关人员可通过该功能快速查询所需数据，通过导出信息，可以对当前筛查工作进行分析和评估。

4. 多模态综合复核

远程病理诊断平台支持多模态综合复核功能。病理医师在复核诊断时，平台可读取受检者年龄、病史、妇科检查等相关信息，在系统界面进行展示，为病理医师提供综合判读辅助。该功能可以提高复核效率和准确率，解决了传统线下筛查诊断方式信息冗杂难以整合的问题，能够有效避免综合信息不全而导致的判读错误。

（四）数据展示平台

数据展示平台在两癌筛查全生命周期监管体系中主要用于数据展示与监管。如图 3 所示，该平台软件基于 B/S 架构设计，需配置不小于 70 寸可视化大屏设备，其无缝对接筛查管理系统，能够实现筛查业务数据的实时共享和展示，实现筛查工作全流程可视化监管。该平台展示的数据包括管理地工作量、实验室样本量、签发报告量等内容，可以分县区、分街道，清晰明了，方便监管人员实时了解筛查工作情况。

图 3　数据展示平台

资料来源：作者自制。

五　建设成效

目前，该人工智能两癌筛查全生命周期监管体系已于安徽省芜湖市、宣城市开展试点，应用于芜湖市和宣城市多县区的宫颈癌筛查工作中。试点情况证明，基于人工智能的两癌筛查全生命周期监管体系建设成效显著，能够

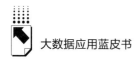

有效规避筛查工作中存在的部分问题，提升筛查工作的效率和质量，为减少两癌筛查中的医疗投入成本、提升筛查覆盖率、加强筛查全过程监管提供了可能。具体建设成效如下。

（一）人工智能辅助技术可提速人工阅片达10倍以上

芜湖市妇幼保健院宫颈癌人工智能辅助筛查实验室的数据显示，截至2023年5月10日，芜湖市已完成84825例宫颈癌智能辅助诊断，实验室单日最高接收样本数量1850余份、最高制片数量911份、最高扫描数量916份；日签发报告由原来人工阅片100份/日上升至最高远程诊断数量1404份/日。AI助力实现了妇女宫颈癌筛查工作新成效，明显提升了病例检查人员的工作效率，提速10倍以上，解决了基层缺乏筛查所需病理专业技术人员的困境。

（二）人工智能辅助技术可显著提升阳性检出率、减少假阴性率

1. 试点市与同期全省相比

目前安徽省芜湖市、宣城市作为试点地区已经启动宫颈癌AI辅助筛查技术，图4是全省、芜湖市、宣城市近几年筛查阳性率对比。数据显示，全省2020年、2021年、2022年完成农村适龄妇女免费宫颈筛查分别为631826份、577621份、568221份，阳性检出率（细胞学异常检出率）分别为3.01%、3.69%、3.92%。

芜湖市从2021年开始启动宫颈癌AI辅助筛查技术。虽然该技术已经获得国家行业主管部门颁发的二类医疗器械注册证，但在项目实施过程中，项目团队为保证筛查工作的有效性，同时进一步验证人工智能技术在大样本人群普筛中的可用性和科学性，项目团队设计了"AI分析—主治医师初步复核—主任医师再次复核"的工作机制。在该工作机制规范下，2021年芜湖市共完成14761份样本的智能筛查任务。结果显示，阳性检出率为6.86%；2022年共完成50051份样本的智能诊断，阳性检出率为7.20%。与启动之前相比，启动之后的2021年和2022年阳性检出率分别提高了2.96个百分

点和 3. 30 个百分点，应用成效明显。根据专业评估，AI 辅助软件智能化自动排阴率稳定在 80%，假阴性率仅为 0. 59%，且全部为低度病变的 ASC-US，有效降低了筛查工作漏诊风险，保证了筛查质量。结果显示，该软件具有高灵敏度与特异度，能够有效减轻医生 80% 的工作量。

宣城市从 2023 年开始启动宫颈癌 AI 辅助筛查技术。数据显示，2023年宣城市共完成 6099 份样本的智能筛查，筛查阳性率为 6. 92%。与启动之前的 2022 年相比，启动之后的 2023 年的阳性检出率提高了 3. 30 个百分点。

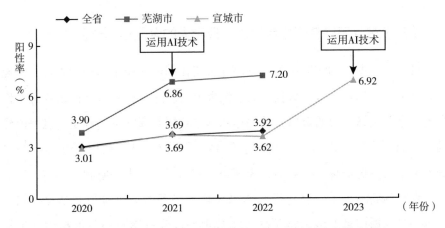

图 4　2020~2023 年全省、芜湖、宣城市宫颈癌筛查阳性率对比

注：芜湖市从 2021 年启动 AI 技术，目前该市 2023 年的数据尚未整理；宣城市从 2023年启动 AI 技术。

资料来源：作者自制。

2. 同一时期不同筛查机构的对比

2021 年 AI 辅助筛查实验室、医疗机构、第三方检测机构的阳性检出率分别为 6. 86%、1. 47% 和 3. 87%；2022 年 AI 辅助筛查实验室、医疗机构、第三方检测机构的阳性检出率分别为 7. 2%、1. 74% 和 3. 06%。从这些数据来看，AI 辅助筛查阳性率明显高于同一时期第三方检测机构和医疗机构（具体数据见表 2）。

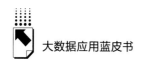

表2 2021~2022年不同机构宫颈癌筛查阳性率比较

TCT 检测机构		份数	阳性数	阳性率（%）
2021 年	医疗机构检测	6725	99	1.47
	第三方检测	25835	1000	3.87
	AI 辅助检测	14760	1012	6.86
2022 年	医疗机构检测	2703	47	1.74
	第三方检测	15961	489	3.06
	AI 辅助检测	50029	3604	7.2

资料来源：作者自制。

（三）宫颈癌筛查云平台可以实现筛查的全流程闭环管理

目前，芜湖市和宣城市的宫颈癌筛查工作同步使用了筛查云平台，实现了系统上云、诊断上云、数据上云、结果上云。通过该平台，两市筛查工作实现了宫颈癌筛查原始资料妥善保存和信息数据互联共享。利用信息手段建设"三码合一"的宫颈癌筛查监管平台将采样码、玻片码以及报告码与筛查人群个人身份信息一一对应，为筛查工作的开展提供了便利。目前，试点市妇女宫颈癌筛查工作已建设起"采集标本→寄送→实验中心制片→扫描分析→描数据信息上传→宫颈癌智能检测平台分析诊断→智能检测结果输出"的全流程信息管理体系。该体系全流程追踪所有样本，做到所有信息可追溯与质控，实现了闭环管理。云平台运行一年多来，试点市宫颈癌筛查工作通过创新性的"全样本阅片、全过程监管、全流程质控"的工作模式，有效提升了筛查工作的效率和质量、有效保证了筛查工作成效。

六 研究结论

根据基于人工智能的两癌筛查全生命周期监管体系的理念、技术和实践成效可见，人工智能技术的应用对于《中国妇女发展纲要（2021-2030）》和《加速消除宫颈癌行动计划（2023—2030 年）》的贯彻落实意义重大。

第一，在两癌筛查工作发展层面，人工智能+远程诊疗结合能有效提升区域医疗资源的均衡性，缩小城乡、地区差距；三码合一的信息化闭环管理模式能够提升第三方检验机构的管理水平，保障两癌筛查质量；人工智能技术的应用对于提高两癌筛查质量和效率作用明显，能够有效提高阳性检出率和筛查覆盖率；互联网营销模式的应用，将有助于两癌筛查知晓率和普及率提升。

第二，在公共卫生价值层面，人工智能两癌筛查全生命周期监管体系能够减轻基层卫生人员工作负担、解决相关服务项目的人力资源瓶颈，提高筛查服务可及性和覆盖率，提高两癌筛查水平，并为相关医疗服务的发展和改善提供参考。

第三，在社会效益层面，人工智能两癌筛查全生命周期监管体系能够简化筛查中间环节，有效提升筛查服务的便利性，提升偏远、分散或流动女性的项目随访率，为更多女性提供宫颈癌和乳腺癌的筛查服务，提高两癌早期诊断率，从而降低两癌的发病率和死亡率，有利于大规模提升女性人口健康水平。

近年来，人工智能技术应用领域越来越广泛，在医疗领域的应用已成为其发展亮点。综合上述研究，基于人工智能的两癌筛查全生命周期监管体系作为人工智能技术在女性健康方面的应用，具有极高的发展潜力和应用价值，有望在不久的将来，成为两癌筛查的主要方式，更好地服务于女性健康。

B.9

"知了"工品大模型赋能供应链
产业链优化升级

卢晓凯[*]

摘 要： 在数字经济时代，工业品供应链面临着数字化转型升级的挑战和机遇。大数据、云计算、物联网和 AI 的快速发展，为供应链优化升级提供了新的工具和解决方案。本文介绍了优质采"知了"工品大模型，描述了其"1+N"模式的大模型架构，体现了保障应用的全面性和专业性，突出了多个小模型处理具体任务的集成优势，并解决了供应链各个环节的痛点，提升了工业品供应链采购数字化管理能力，推动工业品供应链高效协同、安全可控。探讨了其在智能物资标准化、集采集销、智能供需对接、智能选品、工业品知识大脑、智慧仓储等多个场景下的具体应用并展现其效果，为工业品供应链优化升级提供了新的路径和方法，对工业品企业如何利用大模型赋能企业转型具有很好的指导意义。

关键词： "知了"工品大模型 工业品供应链 数字化转型 物资标准化

---

* 卢晓凯，安徽省优质采科技发展有限责任公司总经理、高级工程师，安徽省计算机学会常务理事、安徽省工业互联网协会秘书长、安徽省电子商务协会副会长，参编多项行业标准、取得多项国家发明专利，长期致力于企业智慧供应链领域、工业互联网领域的研究与实战，已成功为上百家大中型工业制造业企业提供数字化转型、升级的落地解决方案。

一 大模型与工业品供应链的发展及挑战

（一）工业品供应链的发展现状

工业品供应链是指从原材料采购、生产制造、物流运输到最终产品交付的一系列活动和过程的集合。它涉及采购、生产、库存管理、物流、分销等多个环节。每一个环节相互依存，共同形成了一个完整的供应网络。[①] 供应链管理是将工业品交易的各个环节进行集成和优化，以提高整个链条的效率和效益。供应链不仅包括物料和产品的流动，还涉及信息和资金的流动。[②] 通过优化供应链，企业可以降低成本、提高响应速度、提升服务水平，从而在市场竞争中获得优势。

近年来，在国家和地区层面，政府出台了一系列政策，旨在推动供应链的优化和数智化发展。如 2017 年，《关于推进供应链创新与应用的指导意见》指出要积极推进供应链创新与应用，提升供应链管理水平，推动供应链与信息技术的深度融合。2022 年，国家发改委发布的《"十四五"现代流通体系建设规划》指出，要提高供应链精细化管理水平，深耕本地市场，拓展辐射范围，提高供应链资源整合能力；国务院发布的《关于加快建设全国统一大市场的意见》提出，促进产业链供应链转型升级、加大开放力度。这些政策的实施不仅为企业提供了技术支持和资金扶持，还为智能技术在供应链中的应用创造了良好的环境。

随着全球化和信息技术的迅猛发展，供应链管理变得越来越复杂和多样化。现代供应链不再仅仅是物流和库存管理，还包括供应商关系管理、需求预测、生产计划以及客户服务等多个方面。近年来，企业对供应链管理的要求不断提升，迫切需要更高效、更灵活的供应链解决方案。尤其是在工业品

---

① 谭晓宇、程钧谟、贾春光等：《基于区域化特性的工业品供应链研究》，《商业经济研究》2020 年第 1 期。

② 单雪、单锐：《供应链协同在提高企业运营效率中的作用》，《造纸信息》2024 年第 3 期。

领域，复杂的产品结构、多样的客户需求和快速变化的市场环境，促使企业积极寻求新的供应链管理方法和技术。[①] 为了应对这些挑战，许多企业开始引入先进的信息技术和管理理念，如大数据分析、人工智能、物联网和区块链等，以期实现供应链的智能化、透明化和高效化。[②]

（二）工业品供应链面临的挑战

现代供应链的发展并不能一蹴而就，传统供应链模式在满足客户多样化需求方面仍然存在明显的局限性。

1. 工业品数据分散，制约供应链数字化采购进程

供应链管理中一个显著的挑战是数据的分散和标准不统一。不同供应链环节和系统生成的数据格式各异，难以实现统一管理和利用。这种数据分散导致信息孤岛现象严重，限制了数据的有效流通和共享，进而制约了数字化采购进程。企业在进行供应链优化时，往往需要耗费大量资源进行数据清洗和标准化，增加了运营成本和复杂性。

2. 供需信息不对称，增加供应链高效协同难度

由于市场需求的多样性和变化速度快，企业难以及时获取和响应客户需求。这种信息不对称导致供应链各环节难以进行高效协同，增加了库存成本和供应链风险。[③] 分散的需求不仅增加了采购人员的工作量，还使得供应商难以提供大批量的优质产品，从而影响供应链的整体效率和效益。同时，缺乏透明的价格信息和比价工具，使得采购人员难以找到性价比最高的商品，进一步增加了采购成本。

3. 决策信息碎片化，带来供应链协同管理挑战

企业在进行供应链决策时，往往依赖于分散和不完整的信息，缺乏系统

---

① 郑亦胜：《供应链管理在企业经济中的角色与影响》，《国际经济与管理》2024 年第 5 期。
② 夏振来、邹儒懿、祁辉等：《全球智慧供应链发展趋势以及中央企业供应链建设策略建议》，《现代管理》2020 年第 6 期，第 1062 页。
③ 谭晓宇、程钧谟、贾春光等：《基于区域化特性的工业品供应链研究》，《商业经济研究》2020 年第 1 期。

化的知识库和问题解决指南，难以形成全局视角。这种信息碎片化不仅影响了供应链的协同管理，还增加了决策的复杂性和不确定性。[①] 特别是在客户咨询和仓储管理方面，信息的不完整和不及时处理导致客户满意度下降和仓储管理效率低下。[②]

面对这些复杂的管理挑战，传统的供应链管理方案已显得力不从心，亟须引入更先进的技术手段。大模型技术整合了数据分析、智能预测和自动化处理能力，能够有效实现供应链管理的全面优化和提升，提高供应链效率、灵活性和响应速度。

4. 大模型技术的演进及其关键作用

大模型技术经历了从早期简单模型到如今复杂智能模型的演进。最初，供应链管理主要依赖于传统的统计分析和简单的回归模型。这些模型在处理小规模和相对稳定的数据时表现尚可，但面对现代供应链的复杂性和动态变化时，则显得力不从心。

随着计算能力的提升和数据存储技术的进步，机器学习和深度学习开始应用于供应链管理中。这些技术通过学习大量历史数据，可以识别出隐藏在数据中的模式和规律，从而提高预测的准确性和决策的科学性。例如，基于神经网络的预测模型可以处理非线性和高维度的数据，提供更精确的需求预测和库存优化方案。

近年来，随着人工智能和大数据技术的迅猛发展，大模型技术进一步迈向智能化和自动化。基于大数据的分析和预测模型，不仅能够处理海量数据，还可以实现实时分析和决策。这些复杂智能模型结合了多种先进技术，如自然语言处理、图像识别和强化学习等，为供应链管理带来了革命性的变化。

大模型技术已经在供应链管理中取得了显著成效。例如，物流优化技术

---

① 樊佩茹、李俊、王冲华等：《工业互联网供应链安全发展路径研究》，《中国工程科学》2021 年第 2 期。

② 王剑：《现代智慧供应链中物资标准化体系与应用》，《中国物流与采购》2022 年第 4 期，第 77~78 页。

利用大数据和 AI 算法优化运输路径，降低运输成本和时间[1]；在供应商评估中，大模型通过多维度数据分析，帮助企业筛选、评价和管理优质供应商，提升整体供应链的可靠性和质量[2]；在选品和比价过程中，大模型可以对全网的商品信息进行智能匹配和推荐。[3] 通过分析商品的品牌、型号、价格和评价等多维度信息，大模型能够帮助采购人员快速找到性价比最高的商品，提高采购效率和决策质量。

显然，大模型在解决供应链问题上具备显著优势，极大地提升了供应链的效率和响应能力。[4] 其数据驱动决策能力减少了主观性和不确定性，提升了决策的准确性和可靠性。其具备实时分析和优化的能力，使供应链能够快速响应变化，提升灵活性。此外，大模型能够整合和分析供应链各环节的数据，实现了高效协同和资源共享，提升了整体运营效率。[5]

二 大模型驱动的供应链建设思路

（一）大模型架构设计与技术基础

优质采平台汇集了约 3000 万物资种类，日均浏览量超 30 万，企业客户日均访问量达到 3 万个，日均产生数据 300 万条，基于平台近十年的工业品数据沉淀并结合云、大、物、智、移等先进技术和现代供应链的理论、方法和技术，同中国工业互联网研究院、中国科学技术大学合作，研发、训练了"知了"工品大模型。该模型实现了供应链智能化、网络化和自动化的技术

---

① 张建国：《数据集成在企业供应链管理中的应用探讨》，《电子通信与计算机科学》2024 年第 4 期。

② 赵鹏飞、杨庆功、张华：《基于风险识别的供应链全过程管控模式构建》，《国际航空航天科学》2022 年第 3 期，第 75 页。

③ 戚聿东、蔡呈伟、张兴刚：《数字平台智能算法的反竞争效应研究》，《山东大学学报》（哲学社会科学版）2021 年第 2 期。

④ 张伟、徐茜：《供应链管理协同中的信息共享研究》，《电子商务》2011 年第 9 期，第 13~15 页。

⑤ 李施宇、唐松：《国有企业引领推动供应链绿色转型》，《上海大学学报》（自然科学版）2023 年第 3 期。

与管理综合集成，也是 AI 类产品的基座。其主要的创新应用场景有：一是"AI+供应链协同"，以提升供应链上下游协同质量与效率；二是"AI+工业品集采采购"，以量换价方式降低企业采购成本；三是"AI+工业品标准化管理"，赋能工业企业对工业品进行精益管理、精益采购、精益销售。大模型在工业品供应链全生命周期中的应用，解决了工业品标准化管理难、供需匹配困难等问题。

技术采用分层分模块化的设计理念，分为数据采集层、数据处理层、模型训练层、功能应用层和安全保障层。各个模块和组件的独立性保证了整个系统的可维护性和灵活扩展能力。底层通过平台的数据，支持知识图谱+大模型层的训练，支撑应用层的多种小模型的应用，从而保障整个系统的稳定性和可实施性（见图 1）。

1. 数据采集层

"知了"工品大模型通过接入内部 ERP、MES、WMS、CRM 系统数据及外部供应商目录、行业标准等多种数据源，解决了工业品数据来源多样、格式异构的问题。利用数据采集接口和爬虫技术，实现了多源数据的自动抓取和实时更新。同时，借助自然语言处理和图像识别技术，将非结构化数据转化为结构化信息，实现了数据的深度融合。

2. 数据处理层

"知了"工品大模型通过智能化的数据清洗与标注流程，解决工业品数据中的噪声、缺失、重复和不一致问题。系统利用数据探查和统计分析自动检测数据质量问题，并应用规则引擎和机器学习方法进行缺失值填充、异常值修正和重复数据合并。同时，引入领域专家知识，对关键属性和类别进行人工标注，确保数据的准确性和可靠性。

3. 模型训练层

"知了"工品大模型从预训练（Pre-Train）开始，通过指令微调（SFT）和强化学习（RLHF）最终形成供应链采购领域的专用模型。模型结合了大模型与知识图谱，大模型负责知识理解、关系预测和知识补全，知识图谱则用于存储、更新和检索知识。预训练阶段增强了语言理解和生

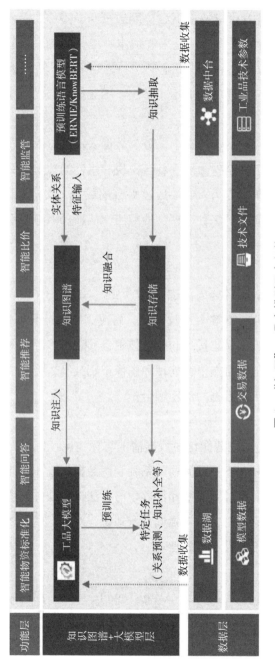

图 1 "知了"工品大模型平台架构

资料来源：作者自制。

成能力，微调阶段则确保模型适应特定领域的需求，采用自适应微调策略灵活应对不同场景的需求。

4. 功能应用层

"知了"工品大模型构建了企业供应链采购中一系列智能化应用，包括智能物资标准化、智能问答、智能匹配与推荐和智能仓储管理等。

5. 安全保障层

"知了"工品大模型通过严格的数据安全管理制度确保数据安全与合规。平台采用数据加密、访问控制、身份认证和行为审计技术，防止非法访问和数据泄露。建立了数据全生命周期管理机制，强化共享与协同的安全防护，并呼吁产业链企业合作提升数据保护水平。同时，利用区块链技术确保公共服务如招投标的透明性和公平性，保证数据的真实性、准确性和可追溯性，防止数据造假和篡改。

"知了"工品大模型依赖于多种关键技术来支持其在复杂环境下的应用和优化。其核心技术包括知识图谱、行为数据分流模型、机器学习和自然语言处理（NLP）等。这些核心技术相互结合，为大模型提供了强大的数据分析、智能决策和用户交互能力，支撑其在供应链管理等复杂领域的应用和优化。

（1）知识图谱

知识图谱用于表示和存储大规模的结构化和半结构化知识，通过图形化的方式将实体（如设备、材料、工具、备件）及其属性（如编码、名称、规格、供应商）和关系（如同类关系、组成关系）组织为图中的节点和边。它利用标准化的数据模型和图数据库，实现高效查询和图算法操作，支持智能推理和问答功能。

系统通过定义推理规则，如"设备A的部件到期，则同类设备需更换"或"物资价格波动超过20%触发预警"，实现自动关联、属性计算和异常检测。此外，知识图谱还能分析历史案例数据，挖掘规律，并在遇到新问题时匹配相似案例，提供智能决策建议。通过智能推理机制，系统能够推荐相似物资或互替物资，优化物资管理服务。

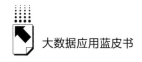

（2）基于用户行为数据的分流模型

"知了"工品大模型融合了知识图谱、随机森林、向量检索、微调分流模型、专家小模型和自动化强化学习技术，构建了高度智能化的系统。该系统不仅能处理和分析复杂的工业数据，还具备自动检测更新模块，能够及时识别并更新数据，确保实时性和完整性，提高工业人员的工作效率。随着时间的推移，系统不断吸收新数据，自我完善，保持其在工业领域的领先地位和竞争力（见图2）。

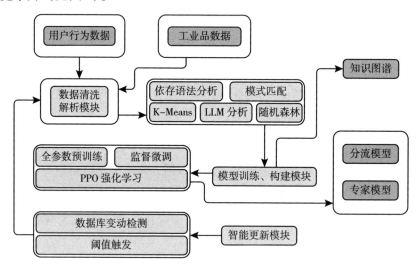

图2　大模型训练与分流模型结合架构

资料来源：作者自制。

（二）大模型核心功能设计与实现

大模型的具体功能设计与实现是基于它的总体架构和所依赖的核心技术，通过精细的功能模块化和核心技术的实现，能够解决诸多复杂问题，优化供应链效率和智能化水平。

1.数据质量治理与校验

大模型通过爬虫技术从不同来源收集并整合数据，利用算法确保数据的全面性、一致性和准确性，通过数据校验规则和异常检测技术，自动识别并修复异常值和不合理数据，保证数据质量。

2.智能供需匹配与推荐

基于供应商和需求方的历史数据、产品特性和交易记录，利用先进匹配算法实现精准的供需匹配，基于用户行为分析和偏好挖掘，推荐最合适的供应商和产品，提高交易成功率和用户满意度。

3.需求聚合、联合采购与价格分析

通过机器学习算法和预测分析模型，大模型支持企业进行需求聚合和联合采购，分析历史采购数据和市场趋势，预测未来需求，优化采购批次和数量，制订联合采购计划，形成规模效应，谈判更有利的价格和条件，降低采购成本。此外，通过爬虫技术抓取商品信息和价格数据，利用比较算法分析不同商家的产品价格、质量和服务，推荐性价比最高的产品和供应商，并对市场价格变化进行分析和预测，帮助企业把握采购时机，避免价格波动风险。

（1）智能工业知识库与问答系统

大模型利用知识图谱和自然语言处理技术，构建工业知识库和智能问答系统，收集和组织工业品领域的知识和数据，提供技术规格、使用指南和解决方案，支持多轮对话和上下文理解，提升用户体验和工作效率。

（2）智能仓储与库存管理系统

结合物联网技术实现智能仓储和库存管理，优化库位分配和调度，实时监控库存变化，自动更新库存信息，通过可视化管理界面提供库存状态、出入库记录和仓储效率数据，辅助管理决策。

4.大模型的特色功能与创新点

使用增量训练和微调过后的垂直行业的大模型，依然有专业知识欠缺、资源消耗大、模型复杂度高和可解释性差等缺点。为此，"知了"工品大模型创新引入"1+N"模式，实现多维度专家小模型的"专"与"精"（见图3）。通过"1+6+N"模式，即1个大模型加6个专家小模型加多个应用场景的方式，实现小模型之间的高效协同，共同解决供应链中的各个环节的痛点，充分发挥模型集成的优势，使解决方案更具全面性和高度专业性。

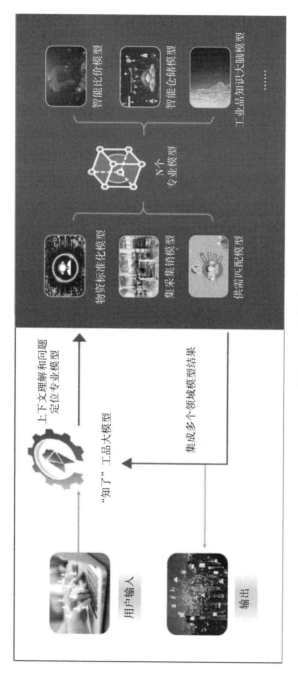

图 3 1+N 小模型

资料来源：作者自制。

三 "知了"工品大模型的建设及应用成果

（一）"知了"工品大模型在供应链优化中的应用

"知了"工品大模型对供应链中的各类物资进行标准化处理，从而实现工业品物资"一码到底"全生命周期管理。其在能源、汽车、采矿、化工等多个行业，赋能六大应用场景（见图4）。

1. 物资标准化

物资数据管理是供应链和企业运营的核心，涉及管理、业务和信息化建设。优质采"知了"工品大模型通过建立标准化处理流程，涵盖数据创建、更新、审批、存储、共享和清理，确保主数据的一致性和完整性，解决了松散和无流程保障的问题。基于采购物资的名称、规格型号、品牌、单位、分类等信息，大模型利用数据清洗工具和技术，按标准规范清洗、去重、合并和编码历史数据，提高数据质量和决策准确性。

同时，优质采搭建数据平台，将物资数据制度和管理流程落地，进行数据采集、存储、管理、共享和分析，确保物资数据的一致性和标准化，提升供应链透明度和响应速度，实现高效可靠的主数据管理。大模型还自动采集、跟踪和分析产品、生产、物流和销售等供应链各环节的信息数据，建立标准数据体系，进行物资全生命周期管理，解决企业物资管理中的无制度、无标准、无流程问题（见图5）。

2. 集采集销

随着供应链管理的日趋复杂，集采集销策略可以帮助企业统一采购和销售流程，降低管理复杂性。引入电商模式打造工业集采平台，通过大模型汇聚同类采购需求以及匹配供应资源，降低供应交易的成本，提升交易效率。给供采双方提供高效、安全的交易平台，为企业带来大量的经济和管理价值。规模优势是集采集销模式的关键，优质采即引入"拼多多"电商模式打造工业集采平台，基于企业标准物资，利用大模型数据分析能力，聚合多

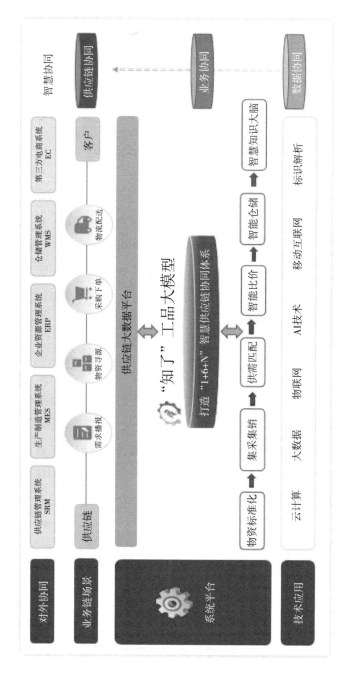

图4 "知了"工品大模型

资料来源：作者自制。

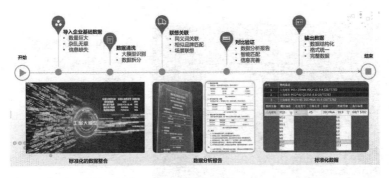

图 5　物资梳理

资料来源：作者自制。

客户的采购需求，实现企业内部集采分析和多家企业之间联合集采集销，发挥规模优势，以量换价，降低采购和销售成本，提高交易效率。

3.供需对接

供需对接作为现代供应链管理中的关键环节，旨在将供应商和需求方之间的资源、产品或服务实现高效匹配和快速对接，从而满足市场需求、提高效率，也是供应链管理中的重要环节，直接影响企业运营效率和竞争力。这对于各种行业，尤其是在线零售、制造业、采购和供应链管理等领域都具有重要意义。依托工品大模型，优质采为用户打造供需对接平台，利用智能算法和大数据分析深入挖掘市场趋势、需求历史、供应商绩效等数据，实现资源和产品的精确匹配，减少资源浪费，降低交易成本，提升供应链协同能力。智能算法不仅能够根据不同参数和条件实现自动匹配，还能自动考虑价格、质量、交货时间等参数，满足个性化需求（见图6）。

供需对接平台通常配备反馈和评价系统，允许用户评估交易合作的质量和可靠性，便于双方建立信任，选择更可靠的合作伙伴。此外，它也十分注重数据安全和隐私措施，通过数据加密、身份验证、访问控制等安全措施，以确保供应商和需求方的敏感信息不会被未经授权的人访问，确保数据的机密性。

4.智能选品

近年来，采购电商市场迅速蓬勃发展，但各家电商的商品价格和定价策

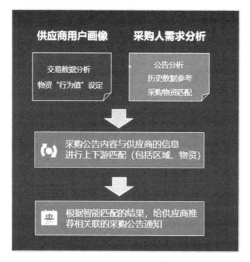

图6　供需对接

资料来源：作者自制。

略各不相同，这使得采购人员在众多电商平台上快速比价、找到性价比最高的商品变得非常重要。智能比价技术应运而生，它结合了智能数据处理和大数据分析，为企业提供了有效的工具，以便更加智能地采购。

依托大模型，优质采打造智能比价系统，通过对商品数据进行清洗、结构化完善后，系统能够准确识别和匹配商品，为企业提供相同或相似品牌、型号物资的全网智能比价，帮助采购人员在众多商家中快速比价、找到性价比最高的商品，帮助企业更好地了解产品和市场价格，降低采购成本，提高效益，提高合规性。智能比价系统不仅提供实时价格对比，还通过大数据平台和智能分析来为客户提供价格趋势分析和价格预警。这有助于用户更好地了解商品价格的历史走势，以便更明智地采购。通过分析市场数据和商品价格指数，系统可以为用户提供超出一定比例的价格波动的预警，帮助用户做出谨慎的购买决策（见图7）。

5. 工业品知识大脑

工业品知识大脑以问答机器人形式提供专业顾问服务。基于大量用户问答和供应链政策数据，它建立了广泛的知识库，能够精准识别用户需求，处

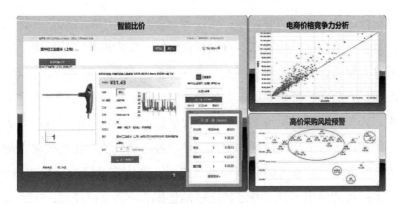

图7 智能比价

资料来源：作者自制。

理大量请求，自动回答问题，提高服务效率和满意度。

对于中小企业，问答机器人能够快速分析客户需求，精确匹配产品和供应链信息，提升客户满意度并推动销售增长。它还提供市场洞察，通过分析用户提问，帮助企业了解需求、痛点和偏好，从而优化产品和服务，增强市场竞争力。在供应链需求管理中，机器人提供专业化服务，解读工业品信息，为设计研发提供智能咨询。

6. 智能仓储

智能仓储是现代仓储管理方法的一种，将信息技术与仓储业务深度融合，实现物资供应链采储配的数字化转型，实现物资"不在网就在库"的精细化管理。借助物联网、大数据技术和自动化系统，"知了"工品大模型将信息技术与仓储业务深度融合，监测仓储设备和库存，提供实时数据和洞察，帮助管理者实时掌握库存状态，优化补货策略，提高效率。大模型利用数据分析和 AI 技术，分析历史数据、市场趋势、客户行为、货物流动、季节性需求和其他趋势，可以更准确地预测需求，优化库存布局，帮助企业减少库存过剩和缺货情况，降本提效。智能货架和库位管理系统提高空间利用率，减少库存损耗。二维码广泛用于提高库存管理的可视化和自动化。每个货架或库位上都附带有二维码，其中包含有关它们的唯一标识信息，能够准确地识别货架和库位，跟踪库存并执行自动化任务，如货物装载和卸载。智

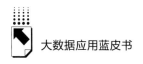

能仓储系统还具备安全功能，保护库存和设备，确保法规合规，并提供产品追溯，增强质量控制，全链路实现物资供应链采储配的数字化转型。

通过大模型在智能物资标准化、集采集销、智能供需对接、智能选品、工业品知识大脑和智慧仓储等多个场景中的应用，工业品供应链实现了从数据采集、处理、分析到决策支持的全方位优化。这不仅解决了各环节的痛点问题，还构建了一个高度协同的管理闭环。各功能模块的相互联动，使得供应链各环节的信息能够实时共享和高效传递，形成完整的数字化管理体系。最终，大模型的应用不仅提升了供应链的整体效率和响应速度，还增强了企业的市场竞争力和风险应对能力，推动了工业品供应链的高效协同、安全可控发展。

（二）垂直领域的应用案例

案例一："知了"工品大模型在化工领域的集采集销应用

化工行业具有高度复杂和多样化的物资需求，供应链管理面临着采购分散、成本高、供应商选择复杂等挑战。某化工企业引入大模型技术，建立了一个智能化的集采集销平台。该平台基于"1+N"模式的大模型架构，集成了多个小模型，分别处理不同的采购场景和需求。

通过收集企业内部和外部的物资采购数据，包括历史采购记录、供应商信息、市场价格数据等。利用机器学习算法对历史采购数据进行分析，预测未来物资需求。将不同部门和子公司的采购需求进行聚合，形成规模效应，优化采购计划。通过大模型的智能匹配算法，根据物资特性和企业需求，推荐最合适的供应商。制定联合采购计划，利用集体采购的优势，谈判更有利的价格和条件。实现企业内部和跨企业的联合采购，降低采购成本，提升供应链整体效率。

通过规模效应和集体谈判，企业的采购成本能够再降低13%。通过智能化的供应商匹配，寻源效率提升30%。通过采购流程自动化，采购效率提升50%。

案例二："知了"工品大模型在煤矿行业的物资标准化应用

煤矿行业面临物资种类繁多、标准不统一、数据管理复杂等问题，影响了供应链管理的效率和准确性。大多采购均以传统方式进行管理，效率低，准确性也难以保障。

"知了"工品大模型依托物资梳理系统，使用数据清洗工具和技术对物资目录、物资数据进行清理、排重、合并和编码。解决了企业物资数据标准不统一、数据质量低下的问题。利用大模型的标准化处理算法和知识图谱技术，快速实现物资标准化，通过物资编码完成产品信息、生产信息、销售数据和物流信息的供应链分析。

数据质量的提升与智能化的物资管理系统使物资利用效率提升35%，审核效率提高70%，运营成本降低30%。

（三）"知了"工品大模型的应用成效

1.上下游企业间信息协同共享

基于海量工业数据的学习和训练，优质采"知了"工品大模型在上下游企业间的信息共享和协同方面发挥了重要作用。

在供需匹配方面。通过分析供应商和采购商的历史交易数据和库存数据，大模型可以更精准地预测市场需求和供给能力，帮助企业优化生产计划和库存管理，实现高效的供需匹配。大模型还可以根据采购商的采购偏好和历史订单，推荐合适的产品和供应商，提高交易效率，并向供应商推荐潜在客户，拓展销售渠道。

在价格和质量管控方面。大模型通过对原材料价格、市场供需和竞品价格的分析，能够优化产品定价，在促进销售的同时保证利润空间，促进上下游企业的互利共赢。对供应商的交货表现和产品质量数据进行分析，有助于采购商优化供应链，提高采购质量和效率。

在物流优化方面。大模型通过分析历史物流数据、运输路线和仓储信

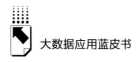

息，优化物流网络和调度，减少货物积压，提高物流效率，降低物流成本。此外，通过监测和分析上下游企业的财务数据和舆情数据，大模型能够及时发现供应链风险，如供应商财务状况恶化或负面舆情，帮助企业提前采取措施，降低风险。

在专业咨询方面。基于对行业知识、技术文档和专利等非结构化数据的学习，大模型建立了行业知识图谱，促进上下游企业间的知识共享和协同创新。通过设立专有人员知识库和构建工业技术知识大脑，为员工提供专业咨询，辅助专有人才成长。

2. 工业品行业的数据融合和价值创造

优质采"知了"工品大模型通过对海量多源异构的工业数据进行采集、清洗、整合和分析，促进了工业品行业的数据融合和价值创造。

首先，大模型打破了工业品行业中研发、生产、采购、销售、物流等环节的数据孤岛，连接各个系统，实现全产业链数据的融合和共享。

其次，利用机器学习技术，大模型能够从设备参数、工艺规程、质量检测和市场交易等异构数据中挖掘出有价值的规律和洞见，如预测设备故障、优化工艺参数、改进产品质量和预测市场需求。

最后，"知了"工品大模型通过行业知识图谱和专家经验库，辅助企业智能决策，优化业务流程、采购策略、生产调度和物流管理，提高运营效率并拓展盈利空间。

3. 产业链生态的构建和优化

"知了"工业品大模型通过对全产业链数据的整合和分析，促进工业品产业生态的构建和优化，推动产业链上下游企业的协同发展。主要体现在以下六个方面。

（1）构建产业链数字平台

大模型作为核心引擎，连接上下游企业的数据和业务，促进信息共享和资源优化。上游供应商可获悉下游需求信息，优化生产计划；下游客户可实时了解供应商交货能力，优化采购决策；物流服务商通过订单信息优化运输调度，提升整体效率。

（2）优化产业链布局

通过分析原材料供给、生产能力、物流成本等数据，大模型支持产业链布局优化。它提供选址决策支持，通过供应商和客户的绩效表现，优化供应链网络设计，提升产业链的整体韧性。

（3）促进产业协同创新

大模型整合科研机构、高校等资源，推动协同创新。通过分析专利和市场数据，发现技术趋势和创新机会，推荐合作伙伴，为产品创新提供洞察和方向，加速新产品开发。

（4）提升中小企业价值

大模型能够为中小企业提供定制化解决方案，帮助其融入供应链并提高竞争力。通过数据分析，优化资源配置，实现信息共享和资源整合，增强供应链协同效应。

（5）建立工业价格指数参考体系

大模型积累的大量价格数据可用于构建工业价格指数，为政府和企业提供市场动态和趋势预测支持，并帮助中小企业适应市场变化、降本增效，实现可持续发展。

（6）赋能产业链金融服务

大模型通过分析企业数据，为金融机构提供风险评估和信用评级，帮助中小企业获得融资支持。分析订单、生产、物流等数据，为银行提供授信依据，并为供应链金融提供风险管理工具。

四　未来发展与展望

在未来，工业品供应链的数字化转型将进一步加速，先进技术的应用将更为广泛和深入。大模型技术作为供应链优化的重要驱动力，将继续在以下几个方面发挥关键作用。

（一）技术创新与整合

随着人工智能、区块链、物联网等技术的不断发展，大模型未来会进一

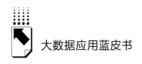

步整合多种先进技术，形成更为智能和高效的供应链管理系统，能够提供更为精准的需求预测、更为智能的库存管理，以及全链条的可视化监控。

（二）个性化与定制化服务

在将来，大模型能够通过深度学习和数据挖掘的能力，按需为每个企业定制更加注重个性化的供应链解决方案，以满足不同行业企业的独特需求和业务特点。

（三）生态系统的构建与协同

工业品供应链的数字化转型将不仅依赖于单一企业或技术的进步，更需要整个生态系统的构建与协同。大模型技术将通过构建开放、互联的平台，实现数据共享与互操作性，打破数据孤岛，推动各参与方的智能协同与实时响应。生态系统内的创新孵化和多维度协作将进一步提升供应链的整体效率和韧性，政策引导与标准建设则将保障生态系统的健康运行。

优质采将依托"知了"工品大模型，联合优质采云采购平台、彩云追月工业互联网平台两大平台资源，在采矿业、制造业、化工、能源等更多垂直领域，开展供应链管理、上下游协作、产业配套支撑和区域联动，以赋能企业数字化转型，推动工业品行业供应链产业链数字化、智能化，构筑工业品供应链产业链生态圈，提升供应链产业链韧性。

五　结语

通过引入"知了"工品大模型，工业品供应链管理实现了数据标准化、智能匹配、需求聚合、价格分析、知识库构建及智能仓储等多方面的优化。这不仅有效提升了供应链的整体效率和响应速度，降低了成本，还增强了企业的市场竞争力。尽管面临数据整合与质量管理等挑战，但大模型的持续技术进步和应用拓展为供应链管理的智能化发展带来了新的机遇。未来，大模型有望进一步融入更多智能技术，推动工业品供应链向更加高效、智能和协同的方向发展。

工业互联网平台赋能制造业数字化转型

——以某玻璃集团为例

唐 栎[*]

摘 要： 本文探讨了工业互联网平台在制造业中的重要性，特别关注工业互联网平台及其在玻璃行业的应用。概述了工业互联网平台的定义、发展历程及其对制造业的价值，包括提高生产效率、降低运营成本及促进创新升级；详细介绍了工业互联网平台的功能、技术架构及其在制造业的应用案例，并通过分析某头部玻璃集团的工艺优化案例，展示了平台如何助力制造业工艺优化并带来显著效果；讨论了工业互联网平台对制造行业的影响与前景；展望了技术创新方向与市场拓展潜力。本研究为工业互联网平台在制造行业的应用提供了有益的参考与指导。

关键词： 工业互联网平台 制造业 数字化转型 工艺优化

一 工业互联网平台的发展与概述

（一）工业互联网平台的定义与发展

近年来，制造业的智能化转型进程如火如荼，中国制造业正在实现数字

---

* 唐栎，展湾科技 CEO 和创始人，上海市杨浦区青年企业家协会会员，福布斯-杨浦创新创业人物、上海市杨浦区科技创业人才，在工业物联网、大数据平台、场景化算法和应用领域深耕多年，带领公司设计开发"低代码"、"工具化"的工业互联网平台创新产品及解决方案，打造了玻璃、汽车零部件、新能源材料、矿冶等多个行业的头部客户成功案例。

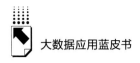
化、网络化、智能化的转型，制造业企业需要紧跟智能化转型升级的步伐，快速实现智能化转型。但是如何实现转型，这是迈入 5G 时代必须要解决的问题，而工业互联网平台在制造业转型中的重要性不容忽视，这主要得益于其强大的集成与优化能力。

目前，工业互联网平台被定义为一个集成了多种信息技术的综合性平台，旨在实现设备、数据、人的全面互联。它不仅能够收集和分析来自各种设备和传感器的数据，还能通过高级分析工具和算法优化生产流程，提高生产效率。其核心功能包括数据采集、存储、分析和可视化，以及通过智能决策支持企业运营。

从发展历程来看，随着工业 4.0 和智能制造的兴起，2012 年通用电气首次提出工业互联网概念，其提出工业互联网是一个高度集成的全球工业系统，包含先进的计算、分析、检测和数据处理技术。汽车驾驶、飞机发电机等多行业也能应用工业互联网技术。随着大数据、物联网技术的发展，工业互联网平台需要依靠智能技术的支撑，打通产业设计、流通等流程，构建一个汇聚数据的平台，从而赋能产业升级，随着技术的进步和应用需求的不断深化，现在的平台已经能够实现对生产过程的全面优化和控制。特别是在制造业中，工业互联网平台已经成为推动企业数字化转型、提升竞争力的重要工具。

工业互联网平台可以促进企业设备的升级，进而提高企业的生产效率。有专家认为工业互联网属于生产力范畴，其构成的基本要素包括：以生产工具为主的劳动资料（网络、平台、数据），引入生产过程的劳动对象（物件、机器、车间、企业），具有一定生产经验与劳动技能的劳动者（人才）。另外，它基于高科技，叠加物联网、云计算、大数据、人工智能、区块链、5G 等技术，应用于生产制造过程并转化成巨大的实际生产力。[①] 由此可见，工业互联网平台加速了各个产业的融合，并为产业的智能

---

① 傅荣校：《工业互联网发展的多维度观察——基于概念簇、战略、政策工具视角》，《人民论坛·学术前沿》2020 年第 13 期。

化转型提供动力。

工业互联网也是我国制造业转型升级的重要方向之一，"十四五"规划纲要中提出：企业要积极利用工业互联网实现对我国的制造业赋能。

总的来说，工业互联网平台已经成为现代制造业不可或缺的一部分，它的重要性不仅体现在提高生产效率和降低运营成本上，更在于推动了企业的数字化转型和创新能力的提升。随着技术的不断进步和应用场景的不断拓展，工业互联网平台将在制造业中发挥更加重要的作用。

（二）工业互联网平台对制造业的价值

工业互联网平台在制造业中的价值日益凸显，特别是在提高生产效率、降低运营成本以及促进创新升级方面发挥着重要作用。

第一，工业互联网平台通过实现设备间的互联互通，能够实时收集和分析生产现场的数据，从而帮助企业精确掌握生产状况，优化生产流程。在玻璃行业中，这意味着可以更加精确地控制熔炉温度、原料配比等关键参数，进而提高玻璃的质量和产量。通过展湾工业互联网平台的智能分析，企业可以及时调整生产线上的不足，减少生产过程中的浪费，显著提高生产效率。

第二，在降低运营成本方面，工业互联网平台也发挥着关键作用。通过远程监控和预测性维护，企业可以减少设备的停机时间，延长设备的使用寿命，从而降低维修和更换设备的成本。此外，通过对生产数据的深入分析，企业还可以更加精准地进行库存管理，减少原材料和成品的库存积压，进一步降低运营成本。在玻璃行业中，这些成本的降低可以直接转化为企业的竞争优势。

第三，工业互联网平台还促进了制造业的创新升级。通过引入新技术、新工艺和新的管理方法，企业可以不断改进产品性能，提升产品质量，满足市场的多样化需求。

总的来说，工业互联网平台在制造业中的价值不言而喻，它不仅能提高生产效率，降低运营成本，还能促进企业不断创新升级。通过该平台，企业可以更加高效地管理生产过程，降低成本，同时加速产品和服务的创新，从而在激烈的市场竞争中脱颖而出。

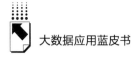

在特点方面，工业互联网平台展现了其高度的灵活性和可扩展性。它能够根据企业的实际需求进行定制化开发，满足不同生产场景的特殊要求。此外，该平台还具备强大的数据整合能力，可以无缝对接企业现有的信息系统，实现数据的互通互联。这些特点使得工业互联网平台在制造业中具有广阔的应用前景。

从技术架构的角度来看，工业互联网平台采用了先进的云计算、大数据和物联网技术，构建了一个稳定、可靠且高效的服务体系。其技术架构包括数据感知层、数据传输层、数据处理层和应用层。数据感知层负责收集生产现场的数据；数据传输层确保数据的实时、准确传输；数据处理层对数据进行清洗、整合和分析；应用层则为企业提供各种智能化应用服务。这种层次化的技术架构保证了平台的可扩展性和易维护性。

综上所述，工业互联网平台强大的功能和灵活的特点使其成为制造业智能化转型的有力支持。通过深入分析工业互联网平台的技术架构和应用实例，可以更清晰地看到其在推动制造业升级中的巨大潜力。

二　工业互联网平台赋能制造企业的实践路径

（一）工业互联网平台在制造业中的应用

随着工业 4.0 时代的到来，数据驱动的决策和优化已成为制造业转型升级的关键。工业互联网平台能够实时收集、处理和分析生产线上的数据，为制造企业提供精准的运营洞察和决策支持。工业互联网平台正是这样一个集数据采集、分析和应用于一体的综合性平台，它通过连接设备、人员和服务，实现了生产过程的可视化、智能化和优化。

1. 设备连接与数据采集

在制造业中，设备连接和数据采集是工业互联网平台的基础功能。工业物联网平台通过多样化的通信协议和接口，将海量的工业设备和传感器连接到平台上，实现了设备间的互联互通。同时，平台能够从各种设备和系统中采集数据，并将数据整合到一个统一的数据模型中，为数据分析和应用开发提供了坚实的数据基础。

2. 数据分析与优化

数据分析是工业互联网平台的核心功能之一。如图1所示，工业数据湖利用大数据分析、机器学习和人工智能等技术，对采集的数据进行深入分析和挖掘。通过对生产过程的优化、故障预警、质量控制等方面的应用，平台帮助企业实现了生产效率的提升、成本的降低和产品质量的改善。

3. 应用开发与部署

工业互联网平台提供了丰富的API和开发工具，支持用户在平台上开发和部署各种工业应用（见图2）。例如，通过平台开发的远程监控应用，企业可以实时监控设备的运行状态和生产过程，及时发现并解决问题。同时，预测性维护应用可以帮助企业提前发现设备故障，减少停机损失，提高设备的运行效率。

4. 可视化与监控

在工业互联网平台的制造业应用中，可视化与监控是提升生产透明度、实时响应能力以及优化决策效率的关键环节。通过高度集成的可视化系统，制造企业能够将生产现场的各类设备状态、生产流程、物料流动、质量数据等信息以直观、动态的图形界面展示出来。这种可视化不仅限于二维图表和报表，还包括三维模拟、虚拟现实（VR）和增强现实（AR）等先进技术，使管理者和操作人员能够身临其境地监控生产过程，及时发现潜在问题。

监控功能则依托于工业互联网平台的数据处理能力，对实时采集的生产数据进行深度分析，自动识别异常状况，并通过预设的告警机制迅速通知相关人员。监控范围广，涵盖设备故障预警、生产效率波动、质量缺陷追溯等多个方面。同时，平台支持定制化监控规则，企业可根据自身需求灵活设置监控项和告警阈值，确保监控的精准性和有效性。

通过可视化与监控，企业能够实现对生产全过程的精细化管理和即时调控，减少人为干预的误差和延迟，提高生产效率和产品质量，降低运营成本。

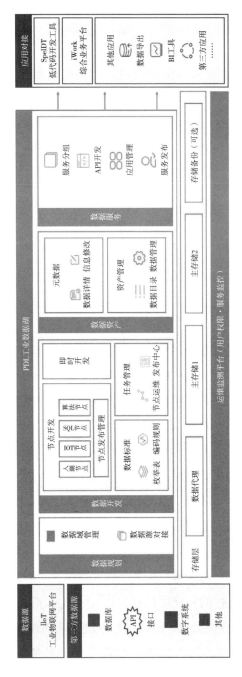

图 1　工业数据湖产品架构

资料来源：作者自制。

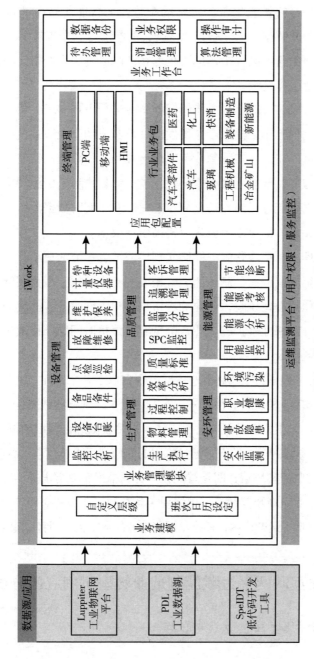

图 2 综合业务产品架构

资料来源：作者自制。

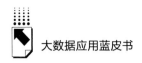

5. 智能化服务

工业互联网平台的智能化服务是推动制造业向智能化转型的重要驱动力。这些服务基于大数据、人工智能（AI）、机器学习等先进技术，为制造企业提供了一系列创新解决方案，助力企业在产品研发、生产组织、供应链管理等方面实现智能化升级。

在产品研发阶段，智能化服务能够辅助企业进行市场需求分析、产品性能预测、设计优化等工作，提高产品研发的效率和成功率。通过模拟仿真和虚拟测试，企业可以在产品实际制造前发现潜在问题，降低试错成本。

在生产组织方面，智能化服务能够优化生产计划排程、资源调度、库存管理等环节，实现生产过程的自动化和智能化。基于实时数据分析，平台能够自动调整生产参数，优化生产流程，提高生产效率。

在供应链管理中，智能化服务能够实现供应链各环节的透明化、协同化和智能化。通过集成供应商、制造商、分销商等各方数据，平台能够实时监控供应链状态，预测潜在风险，快速响应市场变化。同时，智能化服务还支持远程故障诊断、预测性维护等功能，降低客户停机时间和维修成本，提升客户满意度和忠诚度。

综上，工业互联网平台赋能制造业主要体现在以下几个方面。一是数据采集与整合，通过连接各种设备和传感器，实时收集生产现场的数据；二是数据分析与优化，利用大数据分析和人工智能技术，对数据进行深度挖掘和处理，提供优化建议；三是可视化与监控，通过直观的界面展示生产过程的各项指标，便于管理人员实时监控和决策；四是智能化服务，根据企业需求提供定制化的解决方案，助力企业实现智能制造，更体现了其在制造业中的应用，它不仅提高了生产效率，降低了运营成本，还推动了制造业的数字化转型和智能化升级。

三 工业互联网平台赋能制造业转型案例应用分析

（一）某玻璃集团背景及工艺难点

在我国制造业的众多领域中，玻璃行业占据着举足轻重的地位。然而，随着市场竞争的日益激烈和客户需求的多样化，传统的生产工艺和管理模式已难以满足行业持续发展的需求。在此背景下，工业互联网平台的兴起为玻璃行业的转型升级提供了新的契机。工业互联网平台作为其中的佼佼者，通过其强大的数据整合和分析能力，为玻璃企业提供了工艺优化和创新的可能。

某头部玻璃集团是国内知名的液晶基板玻璃制造商，一直致力于提高生产效率和产品品质。然而，随着市场竞争的加剧和消费者需求的升级，该集团也面临诸多挑战，其中工艺控制方面存在的问题尤为突出。具体来说，引出量的稳定对热端工艺至关重要，直接影响着成品品质及良品率，液晶基板玻璃的制造工艺复杂，被称为玻璃制造皇冠上的明珠，对成品玻璃有超高的质量要求，合格品目标重量需要控制在正负 30 克以内，厚度均值在正负 2μ 以内，存在以下难点。

难点一：工艺调参复杂。窑炉有 6000 多个监测点及众多测温点，玻璃液在内部是非晶体状态，需要通过对温度点的观测和调控来控制粘稠度，即玻璃液粘稠度高，玻璃板就厚重；玻璃液粘稠度低，玻璃板就轻薄，这是影响成品率的关键因素。

难点二：点位繁多，高度依赖老师傅。6000 多个监测点都需要采集监测，关键参数的调整也需要专家亲自手动调整，同时这种个人累积的调参经验缺乏可复制性，无法系统化沿用至其他产线及工厂，就会出现高度依赖老师傅的情况。

难点三：调参的滞后性大。整个玻璃产线的生产流程需要 2~3 个小时，人为手动对各位置的手动调参都有较大的延时性，即当前的参数调整要 2 个小时以后才能看到效果，如果出现调参失误会造成批次性的不良，从而造成成本损失。

随着企业规模的扩大和产能的提升，对于工艺控制的要求也越来越高，传统的工艺控制方式已难以满足企业的发展需求。这些问题不仅影响了产品的良率和品质，也限制了企业的进一步发展。

为了解决这些问题，该集团决定引入工业互联网平台，以期通过数字化

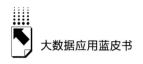

转型来提升生产效率和产品质量。在引入平台之前，集团的生产流程虽然已经形成了一定的自动化程度，但仍然存在着数据孤岛、信息反馈不及时等问题。这使得生产过程中的数据无法得到有效利用，生产管理人员难以对生产过程进行全面、实时的监控和调整。

（二）工业互联网平台的应用实践方案

为了解决该集团面临的工艺控制问题，工业互联网平台提供了针对性的解决方案。该平台利用 AI 人工智能算法、机器学习等前沿技术，为客户打造了一套 AI 工艺自动控制方案来解决集团问题，应用实践方案可总结为如下步骤。

1. 数据采集与分析

首先平台通过传感器和物联网技术，实时采集生产过程中的各项数据，包括温度、压力、流量等关键工艺参数。然后，利用大数据分析技术对这些数据进行处理和分析，找出影响产品质量和良率的关键因素。

2. 智能学习

工业互联网平台采用"你做我学"的学习方式，全面捕捉工人调控时关键工艺参数的变化波动，并将现场工人的判断、经验等转化为系统的调控知识库。这样系统就能够逐渐学习和掌握工艺参数的调整规则。

3. 动态调整

基于"你做我学"转为"我做你看"，系统基于智能学习后，实施计算调控策略与幅度，通过硬件智控单元来控制产线工艺，实现系统自动调整重要参数，并通过专家的辅助监测来大幅提升调整的准确性和效率，保证参数的稳定，从而提升品质、提升良率。

4. 全面自控

在掌握了工艺参数的调整规则后，平台能够自动对工艺参数进行调整和优化。通过实时监控生产过程中的各项数据，平台能够及时发现并处理异常情况，确保生产过程的稳定性和产品品质的一致性，实现了自动判断、反向控制和闭环运作，AI 算法能够像人脑一样自主控制调整动作，控制产线设备，无人自主工作，产线的智能控制极大地降低了对"老师傅"的依赖，人工的参与度几近为零，产线得以集中监控，实现无人值守，为智能工厂创造了一片新的景象（见图3）。

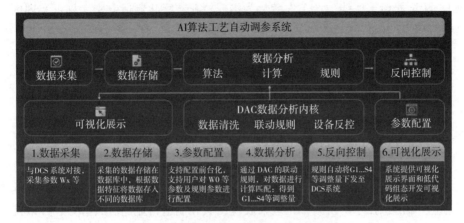

图3　AI算法工艺自动调参系统方案架构

资料来源：作者自制。

工业互联网平台在玻璃集团的应用实践充分展示了工业互联网技术如何助力传统制造业的工艺优化。在该案例中，通过集成先进的数据分析、云计算和物联网技术，为企业的工艺流程带来了显著的改进。该应用实践表明，工业互联网技术对于传统制造业的工艺优化具有巨大的推动作用。通过数据采集、分析和智能化管理，企业能够实现生产流程的透明化、精细化和智能化，进而提高生产效率、降低成本并提升产品质量。

（三）应用效果及价值

工业互联网平台应用于该头部玻璃集团也获得了显著的效果和价值。在能力提升层面：AI工艺自动控制系统沉淀行业专家知识，结合算法自动学习调整，摆脱产线对"老师傅"的依赖，助力客户快速开展新产线，扩张产能；品质提升层面：帮助集团产线实现将每年180次人为误差降为0，次品率从平均1次/天降为0.27次/天，提升产品质量；经济效益层面：作为

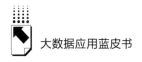

头部的液晶基板玻璃生产厂商，该集团玻璃基板收入约 9.2 亿元，通过方案应用，平均为每条产线节约超 1600 万元，每个工厂超 1.2 亿元。此外，帮助企业进行人才合理化配置：智能系统的引入，帮助客户优化人才需求结构，从培养传统产线生产工人转化为培养行业数字化制造专家，真正实现数智化的人才转型。

四 工业互联网平台赋能制造业转型的总结与展望

（一）对制造业发展的成效

随着新一轮信息技术和产业变革的深入发展，工业互联网平台作为连接制造业与信息技术的桥梁，正逐渐展现出其在制造行业的巨大潜力，并以其独特的优势和创新技术，为制造行业带来了深刻的影响和广阔的发展前景。

第一，工业互联网平台通过实现生产过程的数字化和智能化，显著提高了制造行业的生产效率。该平台能够实时收集和分析生产线上的数据，对生产流程进行精细化的管理和优化。例如，通过对熔炉温度、原料配比、生产线速度等关键参数的实时监控和调整，可以确保生产过程的稳定性和高效性。此外，平台还可以根据历史数据和实时数据预测生产趋势，帮助企业提前做好生产计划和调度，从而进一步提高生产效率。

第二，该平台对产品的质量也产生了积极的影响。通过精确控制生产过程中的各项参数，如温度、压力、时间等，可以确保产品的均匀性、透光性和强度等关键质量指标得到显著提升。此外，平台还可以对产品质量进行实时监测和预警，及时发现并处理生产过程中的异常情况，从而有效减少次品和废品的产生。

第三，在降低能耗方面，工业互联网平台也发挥了重要作用。该平台可以对能源消耗进行实时监测和分析，帮助企业发现能源浪费的环节和原因。通过优化生产流程和设备配置，企业可以显著降低能源消耗，提高能源利用效率。这不仅有助于降低生产成本，还符合当前社会对节能减排和绿色生产的迫切需求。

第四，在安全环保方面，工业互联网平台也有助于减少玻璃生产过程中的废物排放。通过优化原料配比和生产工艺，可以降低废气、废水和固体废弃物的产生。同时，平台还可以对排放进行实时监测和预警，确保企业及时采取措施减少对环境的影响。这对于制造行业实现可持续发展具有重要意义。

值得一提的是，工业互联网平台在当今制造业中的重要性日益凸显。随着全球经济的快速发展和市场竞争的加剧，制造业企业需要不断提高生产效率、降低成本并提升产品质量以保持竞争优势。而工业互联网平台正是实现这一目标的关键技术之一，工业互联网平台不仅为玻璃行业带来了显著的效益，也为其他制造业行业提供了宝贵的经验和借鉴。

（二）前景展望

随着全球制造业竞争日益激烈，以及信息技术与制造业深度融合的趋势不断加强，工业互联网平台作为推动制造业数字化转型的重要力量，正逐渐展现出其巨大的潜力和价值。工业互联网平台以其独特的优势和创新的技术，为制造行业带来了深刻的影响和广阔的发展前景。

第一，市场需求持续增长，推动平台规模扩大。随着制造业对智能化、网络化、数字化需求的不断增加，工业互联网平台的市场需求将持续扩大，该平台凭借其先进的技术优势、丰富的行业经验以及卓越的服务能力，将能够满足制造业企业多样化的需求，从而推动平台业务规模的持续扩大。未来，随着制造业数字化转型的深入推进，工业互联网平台有望在市场中占据更加重要的地位。

第二，技术创新引领平台发展，深化应用提升竞争力。技术创新是工业互联网平台发展的核心驱动力。工业互联网平台将不断引入人工智能、大数据、云计算等先进技术，提升平台的服务能力和智能化水平。通过技术创新，平台将能够为企业提供更加高效、精准、智能的服务，帮助企业实现生产过程数字化、网络化和智能化，提升生产效率和产品质量。同时，平台还

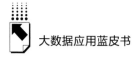

将深化在制造业的应用，通过提供一站式解决方案，满足企业不同场景下的需求，进一步提升平台的竞争力。

第三，促进产业链协同与整合，构建开放共赢的产业生态。工业互联网平台的发展需要产业链各方的共同参与和协同。工业互联网平台将积极促进制造业产业链的协同与整合，打破传统制造业的孤立和封闭状态。通过平台，企业能够更好地与供应商、客户等合作伙伴进行沟通和协作，实现资源的优化配置和共享。同时，平台还将推动制造业与互联网、金融、物流等行业的跨界融合与创新发展，构建更加开放、协同、共赢的产业生态。这将有助于提升整个产业链的竞争力，推动制造业向更高层次发展。

第四，推动绿色可持续发展，提升制造业环保水平。随着全球对环保问题的关注度不断提升，绿色可持续发展已成为制造业的重要发展方向。工业互联网平台将积极推动制造业的绿色可持续发展。通过平台的服务，企业能够实现对能源、资源等的高效利用和循环利用，降低生产过程中的能耗和排放。同时，平台还将引导制造业向绿色、低碳、循环等方向发展，提升企业的环保水平和社会责任感。这将有助于推动制造业的可持续发展，实现经济效益和社会效益的双赢。

第五，国际化拓展，增强全球竞争力。在全球化的背景下，国际化拓展已成为工业互联网平台发展的重要战略方向。工业互联网平台将积极拓展国际市场，与国际先进企业开展合作和交流。通过国际化拓展，平台将能够引入国际先进的技术和管理经验，提升平台的技术水平和服务能力。同时，平台还将推动中国制造业的国际化发展，提升中国制造业在全球的竞争力。

由此可见，通过技术创新、应用深化、产业链协同、绿色可持续发展和国际化拓展等方面的努力，工业互联网将能够为制造业的转型升级和可持续发展提供有力支持，实现更加美好的未来。随着技术的不断进步和市场的不断扩大，工业互联网将在制造业领域发挥更加重要的作用，推动制造业向数字化、网络化、智能化和绿色化等方向发展。

探 究 篇

B.11
数据场景开发的要素和方法

吴大有　谌雅涵*

摘　要：　随着国家相继出台多项关于数据要素与数字经济的政策，数据要素的应用与流通已上升为国家层面的重要议题。在此背景下，数据场景开发——这一基于现有数据资源，旨在设计并实现具备市场价值及持续发展潜力的场景应用的过程，成为推动数据要素价值实现的关键路径。本文深入分析了数据场景开发的背景与重要性，明确了功能定位、市场需求、竞争优势和可持续性四大核心要素，并提出了 NOVA 增值模型、数据光谱、数字行为经济学、数据战略四大对应的具体方法，旨在为数据场景的开发提供系统

*　吴大有，博士，广州有数数字科技有限公司总经理，国际数据管理高级研究院发起单位负责人，全球数据要素五十人论坛发起人，国际数据管理协会中华区（DAMA China）理事成员，亚太人工智能学会（AAIA）数据资产管理分会理事，新质生产力产业协会数据资产专业委员会主席，联合国 ESG 高级策略顾问，中国数据资产国际标准化工作组专家组成员，著有多部关于数据要素领域的专业著作，专注数据资产增值、数据场景打造、数据产品开发、数据要素全球互联互通等领域；谌雅涵，广州有数数字科技有限公司研究专员，国际数据管理高级研究院、全球数据要素 50 人论坛工作组成员，参与数据价值测算模型开发、数据战略、数据光谱与数据光波、数据场景设计学等研究项目，专注数据场景设计、数据价值测算、数据资产增值流通领域。

的理论指导与实践指南，推动数据要素价值的有效实现。

关键词： 数据场景开发　数据要素　数据价值释放

一　数据场景开发的背景与意义

（一）数据运用现状与政策引导

当前，各行各业正经历着数据爆炸式增长，数据资源的积累速度远超以往。无论在互联网、金融、医疗、教育领域还是在制造业领域，数据的产生和存储都达到了前所未有的规模。然而尽管数据量巨大，在数据的运用上，许多企业和机构仍处于一种"数据富矿"的尴尬境地。它们手握海量数据，却不知如何有效运用，更不清楚如何将这些数据应用于具体场景中以实现价值的最大化。这一现状背后潜藏着数据要素市场化进程中的多重挑战。首要难题在于数据确权，也就是如何明确界定数据的所有权、使用权和收益权，尤其是在涉及个人隐私和商业机密的情况下，如何妥善平衡数据开放与保护之间的关系。同时，数据安全也是一大挑战，在数据流动和交易的过程中，如何确保数据不被非法获取或滥用，有效防止数据泄露所带来的风险，是一个必须重视的议题。此外，由于缺乏统一的数据交易规则和标准，数据的交易过程显得复杂且不透明，这不仅增加了交易成本，也进一步阻碍了数据市场的健康发展。

面对这些挑战，国家层面积极响应，推出了一系列政策举措，其中包括《关于促进大数据发展的指导意见》[1] 和《"数据要素×"三年行动计划（2024—2026年）》[2]，这些政策旨在为数据要素的市场化进程提供明确的

---

[1]　国家发展改革委：《关于促进大数据发展的指导意见》，2024。
[2]　国家数据局：《"数据要素×"三年行动计划（2024—2026年）》，2024。

政策指引和坚实的法律保障。它们不仅清晰地界定了数据要素流通的基本原则，还系统地制定了数据交易市场的规则体系，从而为数据场景的开发和数据交易营造了一个更加规范、透明的市场环境。同时，这些政策也积极推动各单位进行数据要素的运用尝试，不断探索可能的数据价值释放场景。

在此背景下，"数据要素×"的场景尝试应运而生。它不仅是响应国家政策号召的直接体现，更是数据要素市场化、产业化的重要实践途径，被视为解锁数据价值的关键。[①] 数据场景开发，即寻找数据的最佳应用场景，将抽象的数据转化为具体的服务或产品，以解决实际问题并创造社会价值。例如，江苏省互联网农业发展中心通过融合农情、植保、气象、基础空间等多源数据，提供了历史病害查询、监测分析、预警发布等一系列服务。该中心累计监测小麦和水稻种植面积超过 2 亿亩，近三年年均挽回稻麦损失 200 万吨[②]，年均挽回直接经济损失高达 49.8 亿元。

（二）数据场景开发的意义

数据场景开发是数据价值释放的基石，它能在具体的应用场景中发挥数据的潜在价值，引导数据的合理配置与高效运用，从而推动数字经济的蓬勃发展。数据场景开发的核心理念在于，它立足于丰富的现有数据资源，通过精心设计和精准定位场景功能，确保所开发的场景满足市场需求，具备竞争优势，拥有持续增长和发展的潜力。这一过程不仅实现了数据要素的有效转化，还将数据转化为实实在在的经济成果和社会福利，促进了数据要素在各行各业的深度融合与创新应用，形成以数据为驱动力的新型经济增长模式。

然而，数据场景开发至今尚未有一套完整的理论体系和方法路径可供遵循。鉴于此，本文为数据场景的开发指导提供一份参考。

[①] 彭国超、吴大有：《数据交易：数据价值释放的全周期指南》，中国农影音像出版社，2023。

[②] 《杭州城市大脑合集 | 首批 20 个"数据要素×"典型案例》，2024 年 6 月 26 日，https：//mp. weixin. qq. com/s/BTdoQAFpJ-qDLo3eAl_ 4Ig。

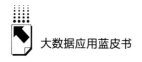

二 数据场景的核心要素

数据场景开发的核心目的在于将数据与切实可行的应用场景紧密结合，基于现有的数据资源精心设计并开发出某类服务或产品，以期实现数据价值的最大化。这一过程深刻体现了对数据特性的全面理解，对市场动态的敏锐洞察，以及对未来趋势的前瞻性预测。接下来，我们将深入探讨数据场景开发的四大核心要素：功能明确、市场需求、竞争优势和持续发展。这四大要素每一个都是影响数据场景开发的关键所在（见图1）。

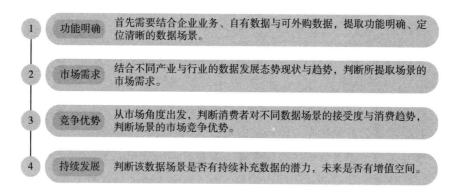

图1 数据场景开发核心要素

资料来源：作者自制。

（一）数据场景的功能定位

数据场景开发作为数据价值释放的关键环节，其功能定位的准确性直接关系到数据能否有效转化为实际生产力。在国家政策的积极引导与行业需求的迫切呼唤下，数据场景开发已成为推动大数据发展的重要驱动力。然而，面对如海洋般浩瀚的数据资源，如何找到合适的场景切入点，避免盲目追求大而全的平台搭建，成为摆在开发者面前的一道亟待解决的难题。数据场景开发的核心在于功能的精准定位，而非盲目追求场景规模的宏大。从国家数据局首批"数据要素×"典型案例的分析中可以看出，多数场景设计都是围绕单一或少数几个行业板块展开，专注于实现某一具体功能。例如，医疗健康领域的 AI 诊断辅助系统、交通运输领域的一站式物流信息查询系统都是基于特定数据集，服务于特定功能需求的"小场景"。尽管这些"小场景"规模不大，但它们却能够精准地解决实际问题，充分展现出了数据价值的真正魅力。

在数据场景开发的初始阶段，首要任务在于明确场景的功能定位。这要求开发者必须从实际出发，全面考量数据的特性和局限性，聚焦于数据能够切实支撑的核心功能。以国家数据局"数据要素×"典型案例北京市计算中心有限公司所开发的新药研发数据场景为例，该公司通过合法合规的渠道，汇聚了大量新药研发过程中的关键数据，构建了一套高度专业化的数据集。此数据集广泛覆盖了药物研发的各个环节，包括分子结构、生物活性以及临床试验结果等，为后续的智能分析与数据挖掘工作奠定了坚实的基础。在该案例中，主体公司基于其针对性强、专业性强的药物研发数据，设计出了一个功能定位清晰明确的数据场景——辅助新药研发。通过运用人工智能技术，该场景实现了对药物靶点的准确预测，有效缩短了新药研发的时间周期，降低了研发成本，并极大提升了研发效率。这一场景的成功实践，得益于开发者对数据特性的深入理解和对数据范围的充分认知，确保了场景功能的实现与数据支撑之间的紧密匹配，进而实现了数据价值的最大化。[①]

在数据场景开发实践中，"小场景"思维与小模型开发理念相契合，均强调在有限的数据基础上实现特定功能的优化与精进，这与追求海量数据、功能繁复的大模型开发策略形成了鲜明的对比。小场景开发的优势主要体现在：它能够更迅速地完成迭代与优化过程，展现出更高的市场适应性，灵活应对各种变化；同时，由于规模与范围的合理控制，它还能更有效地管理开发成本，避免不必要的资源浪费。

---

① 《杭州城市大脑合集｜首批 20 个"数据要素×"典型案例》，2024 年 6 月 26 日，https：// mp. weixin. qq. com/s/BTdoQAFpJ-qDLo3eAl_ 4Ig。

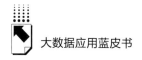

综上所述，数据场景开发的功能定位是整个开发流程中的首要环节，它要求开发者在充分利用数据潜力的同时，必须聚焦于核心功能的实现，避免陷入盲目追求全面覆盖的误区。这样确保场景开发既能紧密贴合实际需求，又能充分释放数据价值，为行业的持续进步贡献积极力量。在"数据要素×"行业板块的深入探索中，每一个精准定位的"小场景"都蕴藏着巨大的潜力，有望成为推动大数据发展的新引擎，为经济社会的发展带来实实在在的效益与增长。

（二）数据场景的市场需求

在数据场景开发的过程中，市场需求是一个不可或缺的考量因素，它构成了场景设计的市场环境土壤。场景的功能定位明确之后，判断该场景是否具有市场潜力是至关重要的，因为只有当场景满足了市场需求，它才能在激烈的市场竞争中站稳脚跟。市场需求的评估，就如同土壤对植物生长的重要性一样，为数据场景的培育和发展提供了必要的养分和条件。

在谈及市场需求时，一个直观的参考基准便是市场上已存在的类似产品或服务。若市场上已有相似的解决方案，这往往预示着存在一个潜在的用户群体，即市场空间。以智能交通违规识别模型为例，随着城市化进程的加速推进，交通违规事件频发，城市管理对智能交通管理系统的依赖程度日益加深。目前，已有多地的交通部门采纳了 AI 交通违规识别模型，该模型不仅能够协助交通部门高效地识别违规行为，还能优化道路治理流程，提升城市交通管理的整体水平，这一实例直观地展现了该场景的市场需求。

市场需求的分析不应仅仅局限于对产品或服务的直接需求，还应涵盖对数据本身的需求。在数据要素市场中，数据本身就是一种具有独特市场价值的商品。在进行数据场景开发时，必须审慎考虑数据本身是否具有吸引力，能否吸引数据需求方的关注。例如，在医疗健康领域，拥有大量病患历史记录的医疗机构可能通过数据授权的方式，向科研机构或制药公司提供数据服务，以支持新药研发或疾病研究，这本身就是市场需求的一种体现。在评估市场需求时，行业数据的成熟度是一个尤为重要的考量因素。行业数据成熟度是指某一领域内数据的收集、整理和分析所达到的水平,它直接影响场景设计的深度与广度。例如,医疗健康行业近年来在电子病历、远程诊疗等方面积累了大量数据,这为基于医疗数据的场景开发提供了丰富的资源。相反,若某一行业的数据尚处于初级阶段,场景设计可能需要更加谨慎,因为市场可能还未准备好接受此类服务,此时需要进行多维度的评估。

市场需求的评估,本质上是对数据场景市场适应性的深入考察。这一过程要求开发者从宏观层面审视行业发展趋势,从中微观层面深入洞察用户的具体需求,以确保所开发的数据场景能够与市场保持同步,满足市场的期待。同时,市场需求的判断还应细致考虑数据的稀缺性和独特性。数据的稀缺性和独特性程度越高,其开发出的场景受众范围可能越局限,但也有可能因此开辟出全新的市场空间,甚至形成市场垄断。开发者需要结合数据的特性,进行既实用又具有适当创新性的场景设计。

总而言之,市场需求是数据场景开发的基石,它不仅关乎数据场景的生存能力,还决定了场景未来的发展空间。在数据场景开发的早期阶段,开发者必须通过行业趋势分析、用户调研等多种方式,全面而深入地评估场景的市场需求,确保场景的开发与市场紧密相连,从而为场景的成功落地奠定坚实的基础。

(三)数据场景的竞争优势

在数据场景开发的过程中,竞争优势的构建是至关重要的一步。一个数据场景,无论其功能定位多么清晰、市场需求多么旺盛,若缺乏独到之处,将很难在竞争激烈的市场环境中立足。因此,深入洞察并精心设计场景的竞争优势,是场景开发过程中不可忽视的核心要素。

数据场景的竞争力不仅源于其功能是否全面满足市场需求,更在于它能否提供超越竞品的独特价值。这意味着,开发者必须站在消费者的立场,深入思考场景能为他们带来什么与众不同的体验或利益。例如,在 AI 交通违规识别模型的市场中,如果多数模型都能通过分析监控视频和图片数据实现智能识别,但有一个模型能额外提供实时的违规通知和罚款催收提醒功能,

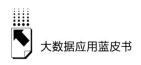
帮助交通部门显著简化工作流程，那么这无疑将成为其独特的差异化竞争优势。

竞争优势的思考点应当紧密贴合用户的需求点，这需要通过特定的理论和方法来深入洞察场景环境下用户的心理和行为模式，进而预测其可能的行为和需求。在此基础上，开发者应通过功能优化或界面设计等细节来满足用户的这些需求，并牢牢把握一个核心观点：满足用户所需就是构建最有效竞争优势的关键。例如，除了实现场景的核心功能外，还可以通过简洁直观的界面设计、个性化的积分系统等功能来提升用户体验，从而增强场景的吸引力和用户黏性。此外，通过引入机器学习和大数据分析技术来持续优化算法，提高识别准确率，也是增强场景竞争力的重要途径。

在确保场景具备市场需求的前提下，积极扩大竞争优势实质上是在增加场景的附加值和市场竞争力。这不仅有助于场景在激烈的市场竞争中脱颖而出，更重要的是能够确保场景落地后产生可观的经济效益和社会效益。

综上所述，竞争优势的构建是数据场景开发中不可或缺的一环。它要求开发者从消费者的角度出发，洞察场景的独特价值，通过合理的设计和创新来打造具备核心竞争力的数据场景。只有这样，数据场景才能在激烈的市场竞争中立于不败之地并实现数据价值的最大化。在数据场景开发的实践中，竞争优势的构建应当贯穿于场景设计的全过程，并成为推动场景持续优化和创新的重要动力源泉。

（四）数据场景的可持续性

场景的可持续性是数据场景开发过程中至关重要的核心要素，它直接关系到场景的长期生存能力和数据价值的持续释放。因此，场景设计者必须具备前瞻性思维，深入考虑所设计的场景在未来是否能够产生持久的效益，同时确保数据源的连续性和稳定性，以及该场景在市场上的增长潜力。

在场景设计的初期阶段，数据来源的可持续性是首要考虑的问题。这些数据既可以源自企业内部的业务活动，如销售记录和用户反馈，也可以是场景运行过程中产生的数据，例如用户行为数据等。以某个工业制造场景为例，该场景通过物联网设备实时收集生产线上的数据，用于预测设备故障和优化生产流程。随着时间的推移，这些数据能够进一步用于改进预测模型，提高生产效率，从而确保场景的长期效益。再以医疗健康领域的场景为例，该场景通过整合医院就诊记录、药品销售数据和公共卫生信息，成功构建了一个慢性病预防与管理平台。该平台不仅收集了患者的就医历史数据，还实时监测疾病的发展趋势，并为患者提供个性化的健康指导。该场景的可持续性主要体现在其数据来源的多样性和自我更新能力上。随着患者持续使用该平台，数据量不断增加，平台的预测算法也随之得到优化，进而提升了服务质量，形成良性循环。

市场增长空间是场景可持续性的另一个关键方面。场景设计者必须全面评估市场的容量和潜在需求，以确保场景在当前和未来都有足够的发展空间。以教育领域的在线课程平台为例，随着在线教育的日益普及，该平台通过持续引入优质的课程内容，吸引了更多的学生和教师参与，市场规模逐渐扩大，场景的市场潜力也因此得以实现。

为了保证场景的可持续性，设计者还需充分考虑场景的灵活性和可扩展性。以之前提到的医疗健康场景平台为例，随着技术的不断进步和新疾病的不断出现，该平台需要不断升级算法，并引入新的数据类型，如基因组学数据，以适应不断变化的医疗需求。这种持续的优化和创新策略，使场景能够紧跟行业发展趋势，保持其在市场中的竞争力。

总而言之，场景定位的可持续性是设计场景时不可忽视的重要环节。它要求设计者从多个维度进行全面考量，包括数据来源的连续性、市场潜力的增长、场景的灵活性和可扩展性等。场景的可持续性不仅关乎单个场景的生存和发展，更关系到整个数据要素市场生态的健康发展，是推动数字经济持续增长的关键力量。

三　数据场景的开发流程与方法

数据场景开发的核心要素主要聚焦于四个方面：功能定位、市场需求、竞争优势以及可持续性。对于功能定位而言，它要求场景设计必须清晰明确，基于现有的数据资源，专注于实现具体而明确的功能目标。即便是最小的功能点，只要能够切实解决实际问题，便具备其独特的价值。市场需求是确保数据场景成功的关键因素，所设计的场景应致力于解决真实存在的问题，拥有明确的受众群体支持，并在市场中找到稳固的立足之地。竞争优势则着重强调场景的独特性和差异化，需要通过提供特色服务或展现卓越性能来吸引用户，确保在激烈的市场竞争中立于不败之地。可持续性则关注场景的长期发展潜力，要求确保数据来源的稳定性，使场景能够在市场中持续增长，并不断优化以适应未来的需求变化。

为了全面践行这四大核心要素，我们提出了与之对应的方法论，分别是NOVA 增值模型、数据光谱分析、数字行为经济学研究以及数据战略规划。这些方法将结合各类相关理论与工具，进行多维度的综合评估，以指导数据场景的有效开发和优化（见图 2）。

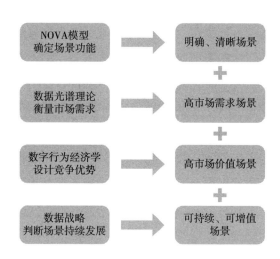

图 2　数据场景开发流程与对应方法

资料来源：作者自制。

（一）功能定位：NOVA 增值模型

场景定位是数据场景开发的起点，它要求开发者基于现有数据，深入理解数据特征，从提供产品或服务的角度进行创新思考。这一过程可以借鉴 NOVA 增值模型的理论框架（见图 3），该模型认为数据的价值是通过场景定位、产品打造、落地运营等一系列环节逐步得以实现的，而数据作为这一过程中的核心原料，贯穿于各个环节之中。在进行场景定位时，首要的任务是确定所处理的数据与哪个具体的行业或领域相关联，评估这些数据是否足够支撑起一个完整的场景构建，并明确该场景将提供何种具体而明确的服务。

图 3　NOVA 数据增值模型

资料来源：作者自制。

在场景预设阶段，开发者需自我审视并回答三个关键问题：其一，数据所属的具体领域是什么？其二，现有数据集是否能够全面支撑所设想场景的构建？其三，该场景旨在提供何种服务？举例来说，一个掌握城市交通监控

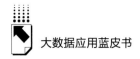
数据、违规记录及流量统计的机构，可能会考虑在交通运输领域内开发应用场景。在此情境下，一个潜在的场景构想是构建违规预警模型，该模型能够通过分析交通违规的视频和图像资料，自动识别违法行为的视觉特征，并将之与车主的驾驶行为相匹配，从而提前告知车主可能发生的违法违规操作，以期减少罚款和扣分情况的发生。

然而，如果仅依赖上述数据而试图构建一个能够提前预警车主违规操作的系统，这一设想是不切实际的。因为除了违规识别所需的数据外，实现这一功能还要求获取实时的车主位置信息、驾驶行为数据等额外数据资源。在当前的数据条件下，这一场景构想缺乏必要的实际数据支撑。

在国家数据局发布的"数据要素×"典型案例中，四川省国土空间生态修复与地质灾害防治研究院与四川省气象台的合作产出了一个非常有借鉴意义的项目。该项目通过共建数据平台，实现了地质、气象等多源数据的协同应用，显著增强了风险预警的实时性、精确度和实用性，为地质灾害气象风险预警提供了有力的数据支撑。

在此案例中，数据要素的核心作用主要体现在两大方面：第一，实现了多源数据的整合与高效利用，这涵盖了地质数据与气象数据的综合考量；第二，构建了基于数据驱动的智能预警模型。具体而言，该系统通过将地质灾害的点位信息与实时的气象数据进行深度融合与分析，显著提升了灾害发生可能性的预测准确性。这一能力的提升，使得相关部门能够及时获得预警信息，进而有效指导防灾减灾工作的规划与执行。此过程与 NOVA 增值模型中的逻辑链条高度契合，即从数据基础出发，经由应用场景的构建，最终实现落地运营的全流程优化。[①]

场景定位的成功，关键在于开发者对数据特性的深入理解，以及对提供产品或服务的清晰规划。在数据场景的开发过程中，功能定位是至关重要的一步，而 NOVA 增值模型为此提供了重要的理论指导。开发者需基于现有

① 叶明、周珊珊：《垄断分析考量消费者行为偏差的具体路径研究——基于行为经济学的视角》，《重庆邮电大学学报》（社会科学版）2024 年第 5 期，第 82~91 页。

数据，从提供产品或服务的角度出发，思考场景的构建，确保场景定位准确，服务内容具体明确，数据支持充分有力。场景功能定位的成功，不仅取决于数据的丰富性，更在于开发者对数据价值的深度挖掘和创新应用。

（二）市场需求衡量：数据光谱[①]

市场需求在数据场景开发中扮演着至关重要的角色，它直接关乎场景的生存能力和商业价值。在这一关键阶段，数据光谱理论作为一种强有力的评估工具应运而生，为市场需求的分析提供了有力支持。数据光谱作为一种直观的可视化图表，全面反映了不同行业数据发展的成熟度和潜在价值，为场景设计者提供了一种便捷且直观的方法，用以判断基于特定数据集所构建的场景是否具备广阔的市场前景。

数据光谱理论的构建，是将国民经济行业分类（GB/T 4754-2017）中已形成明显产业链的产业作为研究样本。通过对这些选定产业的数据发展情况进行全面统计，并运用特定算法进行处理后进行排行，并依据排名情况，进一步绘制出数据光谱图。这张图表采用包含十个圈层的同心圆设计，图中的每一个圆点都代表一个具体的产业，圆点上的数字则清晰标示了该产业的排名情况。不同的圈层划分代表了不同的数据发展水平，位于同一圈层的产业说明其数据发展水平相近，而圈层之间的距离则反映了数据发展水平的差异。越靠近图表的中心点（即圆点数字越靠前），说明该产业在数据量级、数据质量以及数据应用程度方面表现越卓越；反之，则表明该产业在这些方面相对落后。

通过对所有选定产业的数据发展情况进行综合统计，可以描绘出一幅关于数据价值和应用潜力的全景图。观察中国各产业的数据光谱图，清晰地洞察哪些产业在数据积累和应用方面处于领先地位，哪些产业尚待进一步开发和挖掘，以及不同产业间数据发展的差异和未来趋势。

[①] Ruizhi Wang, Yahan Chen et al., "Utilizing Data Spectrum to Promote Data Interoperability across Industries and Countries", in Proceedings of the 26th International Conference on Human-Computer Interaction (HCII), Washington D. C., USA, June 29-July 4, 2024.

如图 4 所示，数据光谱共包含十个圈层，图中的光点代表国内 42 个典型产业，光点的直径大小反映了产业数据标准化水平的得分标化值，而原点上的数字则标示了产业的标准排序号。与表 1 进行对比分析可知，图 4 中排序为 1 的产业是"软件和信息技术服务业"。该产业对应的光点位于第一圈层且最靠近中心位置，这表明该产业的数据规范最为丰富，数据成熟度极高，数据价值含量丰富且易于释放。同时，该产业与其他跨圈层产业数据的结合便利、成本低，易于催生协同交叉型数据场景，因此，其对应场景的市场需求极为旺盛。相反，位于外围的小光点所代表的产业，其数据规范程度较低，数据成熟度不足，难以与其他产业数据进行有效的转换与互动，数据价值释放难度较大，导致数据场景定位受限，市场需求相对较小。

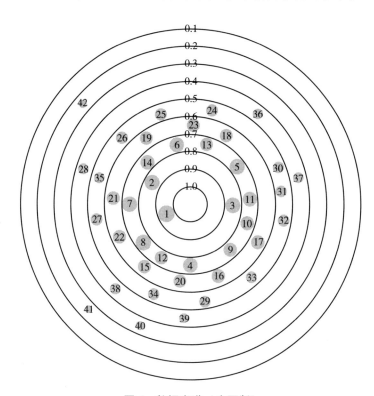

图 4　数据光谱（中国版）

注：数据截至 2023 年 10 月 8 日。
资料来源：作者自制。

表1 数据光谱（中国版）-产业光谱得分及参照

排序	产业	光谱得分
1	I65 软件和信息技术服务业	7963
2	D44 电力、热力生产和供应业	2933
3	C26 化学原料和化学制品制造业	2906
4	C38 电气机械和器材制造业	2618
5	C34 通用设备制造业	2474
6	I64 互联网和相关服务	2226
7	H62 餐饮业	2216
8	M74 专业技术服务业	2034
9	L72 商务服务业	1331
10	C13 农副食品加工业	1280

资料来源：作者自制。

在考虑市场需求时，场景设计者需自我审视以下两个核心问题：本行业的数据成熟度处于何种水平？基于本行业数据所开发的场景是否拥有一定的受众群体？

数据成熟度是一个综合性的指标，它涵盖了数据的丰富程度、质量高低以及数据应用的普遍性。一个成熟的行业数据生态意味着更广的覆盖范围、更高质量的数据样本以及更深入的数据洞察能力，这些要素共同构成了开发数据场景的肥沃土壤。以电子商务领域为例，由于该领域积累了大量的交易记录、用户行为数据和供应链信息，因此其数据成熟度较高，这为开发基于用户推荐算法、库存优化和市场趋势预测等场景提供了坚实的数据基础。

另一个需要重点关注的问题是，基于本行业数据所开发的场景是否能够吸引并留住受众群体。受众群体的存在是场景商业化的重要前提，它直接关系到场景的用户黏性和市场接受度。借助数据光谱理论的分析，我们可以发现，那些数据成熟度较高的行业往往拥有庞大的潜在用户群体。这是因为数据的广泛应用已经成功培养了用户对数据驱动服务的依赖和期待。以金融行业为例，信用评分、风险评估和个性化理财建议等场景的开发正是基于行业数据的高度成熟和广泛需求而得以成功实现。

综上所述，数据光谱理论为数据场景的开发提供了一个全新的视角，即从行业数据成熟度的角度来判断市场需求。通过对本行业数据成熟度的深入评估和潜在受众群体的细致分析，场景设计者能够更准确地判断场景的市场前景，为场景的商业化进程奠定坚实的基础。

（三）竞争优势设计：数字行为经济学

场景的竞争优势评估是一项既复杂又至关重要的任务，尤其是在当今数字化转型加速的时代背景下，这一过程亟须融合数字行为经济学的前沿理论，从消费者行为的微观视角展开深入剖析。数字行为经济学作为一门新兴的交叉学科，专注于探索数字技术如何深刻地塑造个体与群体在经济决策过程中的行为逻辑，关注数字环境下的认知偏差[①]、偏好形成以及行为模式的转变[②]，对于理解场景在市场中的竞争力具有重大意义。

以在线教育平台为例，假设我们目前正致力于开发一个专注于 K－12（幼儿园至高中）年龄段学生的个性化学习场景。为了科学评估该场景在市场竞争中的优势地位，可以从数字行为经济学的视角出发，深入剖析消费者（即学生及家长）的行为模式。在此分析过程中，首先考虑的核心问题是：个性化学习场景能够为学生及其家长带来何种独特价值？在纷繁复杂的在线教育资源市场中，为何家长会选择我们的平台，而非其他竞争对手？

在这一关键环节中，我们计划运用数字行为经济学中的"损失规避"原理作为分析工具。多项研究表明，人们在面对潜在损失时的心理反应强度，通常要远高于面对同等数量级收益时的反应。这一原理的启示是如果我们的个性化学习场景能够显著减轻学生的学习焦虑感，提升学习效率，并有效减少家长因孩子学习成绩下滑而可能遭受的心理损失，那么家长选择我们的场景的可能性将大大增加。为了实现这一目标，将通过设定个性化的学习计划、实时跟踪学习进度，以及提供及时的学习反馈等机制，来有效缓解学

---

① 孙娟：《激励与信任的行为经济学研究》，博士学位论文，上海交通大学，2014。
② 叶明、周珊珊：《垄断分析考量消费者行为偏差的具体路径研究——基于行为经济学的视角》，《重庆邮电大学学报》（社会科学版）2024 年第 5 期，第 82~91 页。

生的学习压力，帮助他们克服学习过程中的障碍，从而吸引家长的关注。

其次，为了进一步提升场景的吸引力，可以借鉴数字行为经济学中的"社会证明"效应。该效应指出，个体在面对不确定性时，往往倾向于模仿他人的行为选择。基于此，我们可以通过展示一系列成功案例来增强潜在用户的信心。例如，分享使用过该平台的学生在学习成绩上取得的显著提升，或者邀请知名教育专家为平台提供专业背书。当潜在用户观察到同龄人或他们所尊敬的权威人士对我们的场景给予认可时，他们更有可能被说服，认为我们的场景值得尝试。

此外，在分析场景的竞争优势时，"心理账户"理论同样具有重要的应用价值。该理论指出，人们倾向于将资金分配到不同的心理账户中，并对每个账户的资金使用有不同的心理预期和偏好。在教育支出方面，家长通常更愿意投资那些能够带来长期回报的场景。因此，我们的场景需要明确强调其长期价值，如提升学生的批判性思维、解决问题的能力，以及培养终身学习的习惯等。通过生动展示这些长期收益，可以有效增强场景在家长心中的价值感知，从而在激烈的市场竞争中脱颖而出。

最后，应充分考虑"稀缺性"原则在场景设计中的应用，即人们普遍倾向于赋予稀缺资源更高的价值。在设计场景时可以采取一些积极策略，例如限制某些高级功能的免费访问时长，或提供限量版的课程内容，以此营造出一种紧迫感，有效促使用户尽早做出行动决策。稀缺性的巧妙运用不仅能够显著提升场景的吸引力，还能够加快用户的决策过程，进而提高转化率，实现商业目标。

综上所述，通过深入运用数字行为经济学理论，能够更精准地洞察消费者的需求并理解其行为模式，从而在激烈的市场竞争中定位自身竞争优势。[1] 无论是运用损失规避、社会证明、心理账户，还是稀缺性策略，其核心目的都在于更深入地理解和满足目标受众的需求，使我们的场景在众多竞争对手中脱颖而出，赢得市场的广泛青睐。在数据驱动的数字经济时代，掌

---

① 习明明、李婷：《数字行为经济学研究进展》，《经济学动态》2024 年第 1 期。

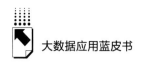
握并有效应用数字行为经济学的深刻洞察力，将成为场景开发中不可或缺的一环。

（四）可持续性打造：数据战略

数据场景的可持续性是衡量其成功与否的重要标准。数据战略理论为此提供了一套系统性的方法论，它指导我们从企业商业模式①的九大核心板块出发，全面审视数据场景的长期生存能力。数据战略的系统方法论包含商业模式结构图与双飞轮模型两大重要工具，如图5所示，商业模式结构图的九大板块分别是价值主张、客户细分、客户关系、渠道通路、关键业务、核心资源、重要合作、成本结构和收入来源。每一个板块都扮演着不可或缺的角色，共同编织成数据场景的可持续性网络。而双飞轮模型则揭示了商业模式结构在建设过程中需要遵循的运行逻辑。例如市场驱动飞轮（图5右边的循环）强调场景的价值主张必须严格服务于客户，通过特定的客户关系和多方位的渠道通路与客户建立紧密联系，从而促进客户消费。与此同时，数据驱动飞轮（图5左边的循环）则注重从用户反馈和行为中收集数据资源，通过深入挖掘用户需求和市场需求，链接合适的合作伙伴、开拓新的业务类型，降低场景运营成本，并不断优化以客户为中心的价值主张。这两个飞轮以价值主张为维系节点，以服务用户为出发点，通过用户行为的反馈循环，共同推动场景业绩的持续增长。②

数据战略的核心在于构建一个稳健的数据生态系统，以确保数据场景不仅能吸引用户，还能持续提供价值，从而形成良性循环。在衡量数据场景定位的可持续性时，数据战略理论特别强调了数据来源的稳定性和数据驱动市场效应的重要性。这意味着数据场景必须能够开辟持续的数据来源入口，同时，数据的利用应能激发市场的正向反馈，以确保场景具备持续的市场发展能力。

① Osterwalder, A., Pigneur, Y., *Business Model Generation*：*A Handbook for Visionaries*，*Game Changers*，*and Challengers*，John Wiley & Sons，2010.

② 吴大有：《战略思维》，中国纺织出版社，2023。

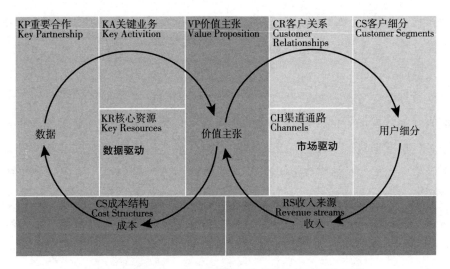

图 5　数据战略工具-场景商业模式结构与双飞轮模型

资料来源：作者自制。

　　数据战略理论为数据场景定位的可持续性衡量提供了全方位的分析框架。通过构建稳固的数据生态系统，确保数据来源的持续性和市场效应的正向循环，该理论不仅满足了用户需求，还促进了场景的长期发展。在数据驱动的时代，场景的可持续性不再仅仅依赖于技术的先进性，更在于对商业模式、市场趋势和消费者行为的深刻理解与适应。①

　　场景设计完成之后，衡量其价值和可行性变得至关重要。这需要从多个维度评估场景的经济效益，验证所开发的场景功能是否明确、市场是否有需求、竞争是否有优势，以及是否具备可持续性，从而判断场景能否最大化数据价值。

　　为此，我们引入了数据资源潜在价值测算器，这是一种基于数据资源生命周期的评估工具。该工具涵盖了数据分析、数据引入、数据产品开发、应用场景与市场估值、数据资产变现等增值节点。图 6 展示了数据资源潜在价值测算器的测算逻辑框架。为了确保测算的科学性与可验证性，在提供测算

---

　　① 吴大有：《互联网时代的商业变革》，天津人民出版社，2018。

的同时，邀请了中国人民银行批准的权威认证中心作为监督方，依标准检验测算方法，并支持我们开展的本项测算，结果最终以测算证书和测算报告的形式呈现。

通过综合考量这些因素，该工具能有效预测数据资源所能释放的最大价值，为数据场景的开发方向提供科学依据。测算器运用一系列复杂的算法，分析数据资产与产品的市场转化能力、数据的折旧表现，以及数据为企业带来的节约成本等关键指标。这些指标被输入模型中，模型则基于历史数据、市场趋势和行业标准，计算出数据资源在特定场景下的潜在价值。通过科学评估，企业能更好地判断哪些场景值得投入资源去开发，哪些则需要调整或放弃，从而在数据时代中占据竞争优势，实现数字经济的繁荣。

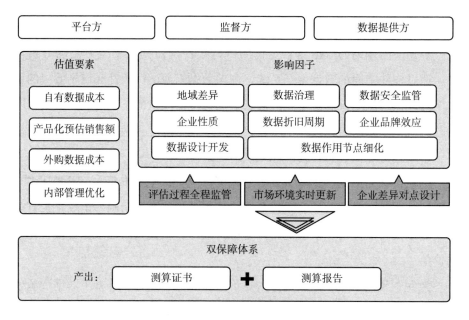

图6 数据资源潜在价值测算逻辑框架

资料来源：作者自制。

四　总结

本文深入探讨了数据场景开发的全路径，系统阐明了其背景、意义、核心要素以及流程方法，旨在为数据场景的开发提供全面的理论指导与实践指南。数据场景开发作为数据要素市场化与产业化的关键环节，其核心目标在于将抽象数据转化为具体服务或产品，以解决实际问题并创造社会价值。国家政策，诸如《关于促进大数据发展的指导意见》与《"数据要素×"三年行动计划（2024—2026年）》的引导，为数据要素的流通与交易营造了规范与透明的环境，有效推动了数据场景的创新实践。

数据场景开发的核心要素涵盖功能定位、市场需求、竞争优势和可持续性，这些要素共同构成了场景开发成功的关键基石。功能定位要求从数据出发，精准设计场景功能以满足特定需求；市场需求确保所开发的场景能够切实满足用户的真实需求；竞争优势则强调场景应具备的独特价值以区别于其他同类场景；可持续性则关注场景的长期生存与发展能力。在开发过程中，每一要素都需经过仔细考量，以确保场景开发既切合实际，又能充分发挥数据价值，为行业进步贡献力量。

在开发流程中，我们运用了 NOVA 增值模型、数据光谱分析、数字行为经济学研究与数据战略等多种方法，这些方法被广泛应用于场景定位、市场衡量、竞争判断与可持续性评估，为数据场景的开发提供了系统性的指导。此外，数据资源测算器的应用也极大地帮助了开发者，它从数据特性、市场趋势与用户行为等多维度出发，全面评估场景的可行性与价值，确保场景开发与市场需求紧密相连，为场景的成功落地奠定坚实基础。

综上所述，数据场景开发是数据要素价值释放的基石。它在具体的应用场景中充分发挥数据的潜在价值，推动数字经济的蓬勃发展。通过促进数据要素在各行各业的深度融合与创新应用，数据场景开发有望形成以数据为驱动力的新型经济增长模式，为经济社会发展带来实实在在的效益。

B.12
对数字经济发展的探索与思考

李帝仁*

摘　要：　数字经济是推动新质生产力发展和经济增长的重要引擎，已成为我国重要战略发展方向。数字经济不仅推动传统产业转型升级、加速新兴产业兴起、改变生产生活方式，而且正成为重组全球要素资源、重塑全球经济结构、重构全球竞争格局的关键力量。本文从把握数字经济发展趋势、释放数据要素价值、加快核心技术攻关、拓宽数智应用场景和加强数智共治共赢五个维度对数字经济发展进行探索和思考，阐述了对推动数字经济纵深发展起到的健康促进和安全保障作用。特别是针对数据成为驱动社会经济发展的关键性生产要素，梳理了推动数字经济健康发展的重要举措，包括推动数据资源化，挖掘数据的内在价值；推动数据资产化，展现数据的商业价值；推动数据产品化，呈现数据的使用价值；推动数据资本化，实现数据的价值增值。本文还甄选了粤港澳大湾区在数据资产化、"鹏城·脑海"AI大模型应用等方面的案例，对推动数字经济高质量发展具有积极参考作用。

关键词：　数字经济　新质生产力　数据要素　数据资产化　AI大模型

习近平总书记在中共中央政治局第34次集体学习时指出："数字经济事关国家发展大局""不断做强做优做大我国数字经济"。数字经济已成为

---

*　李帝仁，现任鹏城实验室党委委员、工会主席。先后在中共湛江市委组织部、中央驻港联络办、深圳市南山区委政法委、深圳市直机关工委和鹏城实验室工作。先后选修农学、经济管理和科学社会主义专业。曾参加《深圳经济特区党的建设科学化的探索与实践》《"一核多元"基层社会治理》等书籍编写，曾发表《人民的殷切期望　公仆的坚定承担》《革命功臣　时代楷模》《把握机遇　发挥优势　全力建设深港合作先锋城区》等多篇文章。

我国重要战略发展方向，成为推动新质生产力发展和经济增长的重要引擎。数字经济不仅推动传统产业的转型升级、加速新兴产业的兴起、改变生活方式，而且正在成为重组全球要素资源、重塑全球经济结构、重构全球竞争格局的关键力量。[①]

一　把握数字经济发展趋势，抢占未来发展制高点

党的十八大以来，国家高度重视发展数字经济。习近平总书记指出，发展数字经济意义重大，是把握新一轮科技革命和产业变革新机遇的战略选择。数字经济不仅作为推动经济发展质量变革、效率变革以及动力变革的重要驱动力，更是抢占全球新一轮产业竞争制高点的新动能。数字经济的健康发展，有利于推动构建新发展格局，有利于推动建设现代化经济体系，有利于推动构筑国家竞争新优势，有利于推进中国式现代化。

我国大力推进数字经济向纵深发展，并相继出台了一系列政策文件和重大举措。2016 年，发布《网络强国战略实施纲要》，提出建设网络强国"三步走"计划，我国数字经济行业发展已具雏形；2018 年，发布《数字经济发展战略纲要》，明确我国数字经济发展基础设施、服务等方面的系统战略部署；2019 年，发布《国家数字经济创新发展试验区实施方案》，国家数字经济创新发展试验区工作深入开展；2020 年，发布《关于推进"上云用数赋智"行动培育新经济发展实施方案》，以"上云用数赋智"深入推进企业数字化转型；2021 年，发布《"十四五"大数据产业发展规划》，促进我国数字经济发展所需要的底层技术的发展；2022 年，发布《"十四五"数字经济发展规划》，从顶层设计上明确了我国数字经济发展的总体思路、发展目标、重点任务和重大举措；2023 年，发布《数字中国建设整体布局规划》，明确了数字中国建设整体战略部署。

我国数字经济发展迅速，也面临新的挑战。《数字中国发展报告（2023

---

① 习近平：《不断做强做大我国数字经济》，《中国信息安全》2022 年 1 月 15 日。

年）》显示，我国数字经济规模超过 55 万亿元，2023 年数字经济核心产业增加值占国内生产总值的比重达 10%左右。[①] 数字经济活力日益澎湃，成为稳增长促转型的新引擎。但是，与世界数字经济强国相比，我国数字经济还存在大而不强、快而不优的现象，还面临诸多挑战。数据治理与隐私保护问题日益突出，相关法律法规和监管体系亟须完善；数字鸿沟仍然存在，城乡之间、不同地区之间的数字化发展不平衡问题需要解决；技术创新和产业升级需要持续投入和支持，需进一步增强应对国际数字经济竞争加剧的挑战。

党的二十届三中全会提出，要加快构建促进数字经济发展体制机制，完善促进数字产业化和产业数字化政策体系，加快新一代信息技术全方位全链条普及应用，发展工业互联网，打造具有国际竞争力的数字产业集群。面向未来，我们要充分发挥海量数据和丰富应用场景优势，促进数字技术和实体经济深度融合，赋能传统产业转型升级，催生新产业新业态新模式，推动构建新发展格局，建设现代化经济体系，提升国家竞争新优势，不断做强做优做大我国数字经济。[②]

二 释放数据要素价值，促进数字经济健康发展

数字经济时代的数据成为驱动社会经济发展的关键性生产要素。数据要素是参与到社会生产经营活动中，为所有者或使用者带来经济效益的数据资产。推动数据资源化、数据资产化、数据产品化和数据资本化是数字经济发展中的重要任务，是推动数字经济健康发展的关键举措。

2020 年，中共中央、国务院印发《关于构建更加完善的要素市场化配置体制机制的意见》，首次将"数据"与土地、劳动力、资本、技术等传统要素并列为关键要素之一，旨在引导要素向先进生产力聚集。2024 年，国

[①] 国家数据局：《数字中国发展报告（2023 年）》，2024 年 5 月。
[②] 中国共产党第二十届中央委员会第三次全体会议：《中共中央关于进一步全面深化改革 推进中国式现代化的决定》，2024 年 7 月 18 日。

家数据局等部门联合印发《"数据要素×"三年行动计划（2024—2026年）》，为数据要素高质高效合规流通，释放数据要素价值，推动数字经济高质量发展提供工作指引。

（一）推动数据资源化，挖掘数据的内在价值

数据资源化是数字经济的重要战略，将数据视为一种宝贵的资源，并通过一系列合理的管理、整合和利用手段，旨在实现数据价值和效益的最大化。数据资源化是一个复杂而持续的过程。

首先是数据收集与初步处理。从各种来源（如传感器、数据库、日志文件、问卷调查等）获取原始数据。随后，对收集到的数据进行清理，即清除数据中的噪声、错误或不完整之处，确保数据的质量和准确性。

其次是数据转换与整合。根据需求对数据进行格式转换、类型转换和单位转换，例如将文本数据转换为数值数据或将日期格式进行标准化处理。然后，将来自不同来源的数据进行整合，解决数据冗余和冲突问题，形成一个统一的数据集。

再次是数据存储与标注。将处理后的数据存储在适当的存储系统，如数据库、数据仓库或数据湖中，以确保数据的可访问性和查询效率。然后，对数据进行标注和分类，使数据更具结构化，便于后续的分析和应用。例如，给图像数据打标签，将文本数据分类。

最后是数据安全与发布。在数据存储和发布过程中，实施数据权限管理和安全控制，确保数据的安全性和隐私保护。然后，将数据资源发布到数据平台或共享给需要使用的人员或系统。

（二）推动数据资产化，展现数据的商业价值

数据资产化是将数据资源转化为具有商业和经济价值的资产，通过一系列的数据处理和运营手段，实现数据的商业化运营和价值变现。这个过程涉及多个关键步骤。

第一步，数据资源评估。要评估数据的准确性、完整性、一致性和及时

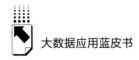

性，确保数据具有高质量。同时，评估数据与业务需求的相关性，确定哪些数据对业务最有价值。还要进行数据确权，明确数据的所有权和使用权，确保数据合法合规。通过这些评估，可以明确数据资源的现状及其潜在的商业价值。

第二步，数据治理和管理。制定和实施数据标准规范，确保数据在整个组织中的一致性和可用性。进行数据资源清洗，处理缺失值、重复值和异常值，确保数据的准确性和一致性。建立数据管理策略，包括数据所有权、数据生命周期管理和数据访问权限，确保数据在整个生命周期内得到有效管理和保护。

第三步，数据分析和挖掘。使用机器学习、数据挖掘和统计分析等技术，从数据中提取有用的信息和模式。通过数据可视化，将分析结果直观地展示出来，帮助业务决策。数据分析和挖掘还能够发现隐藏在数据中的商业机会，提升业务的洞察力和竞争力。

第四步，数据价值评估和入表。通过财务分析和业务影响评估，量化数据资产的商业价值，将数据资产正式记录在资产表中。这包括对数据资产进行分类、估值和记录，确保数据资产在财务报表中得到正式承认和管理。通过这些步骤，可以使数据资产的价值真正实现。

（三）推动数据产品化（模型化），呈现数据的使用价值

数据的产品化（模型化）是将数据资源转化为具体产品或模型的过程，将数据加工成可用的产品形式推向市场，产品或模型通过赋能各行各业来实现产品或模型的价值。

数据的产品化（模型化）需要对市场状况洞察分析，了解市场的需求和趋势，分析目标用户的特征和行为，从而确定数据产品的定位和特色。

技术创新是数据产品化（模型化）的关键。需要运用先进的数据处理和分析技术，将数据转化为有用的信息和见解，并将其整合到产品或模型中。例如，利用机器学习和人工智能技术开发智能推荐系统，实现个性化的产品推荐；采用数据可视化技术制作数据分析报告，直观展示数据分

析结果；借助大数据分析技术提供个性化营销服务，提升用户体验和营销效果。

商业模式创新是数据产品化的重点。需要思考如何将数据产品或模型推向市场，并实现商业化运营和收益。这涉及产品和模型的定价策略、销售渠道建设、营销推广等方面。数据产品化（模型化）的成功需要持续创新和优化，不断关注市场变化和用户需求，进行产品、模型的优化和更新，持续保持竞争力和价值。通过对产品或模型的不断创新，实现差异化竞争，带来持续的价值增长和商业成功。

（四）推动数据资本化，实现数据的价值增值

数据资本化是数字经济的重要战略之一，通过市场交易和资本运作，将数据产品的价值转化为资本收益，实现数据产品的资本化运营和价值增值。在数字经济的背景下，数据资本化不再局限于传统的销售模式，还包括数字化资本运作方式，如数字货币支付、区块链交易等。

数据资本化的核心在于市场交易和资本运作。将数据产品推向市场，实现产品的销售和交易，并获取资本收益。数据资本化也需要关注资源的配置优化和投资回报率的提升。通过有效的资本运作，可以实现资源的优化配置，将资金投入到具有高回报率和增长潜力的领域，实现资本的增值和回报。数据资本化的成功需要具备良好的资本运作策略和风险管理能力。根据市场情况和企业实际情况制订合理的资本运作计划，优化调整策略，降低运营风险，确保资本的安全和增值。

数字化资本运作方式成为数据资本化的重要手段。通过市场交易和数字化的资本运作方式，将数据产品的价值转化为资本收益，实现资本化运营和价值增值。它不仅促进了资源的优化配置和投资回报率的提升，还提高了企业的竞争力和持续增长能力。企业可以将数据资产作为抵押或担保，申请融资或贷款，以增强融资能力。

【案例】2024年6月，在河套深港科技创新合作区举行"第二届粤港澳

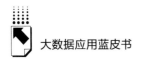

大湾区国际数据交易周"系列活动期间，深圳数据交易所与中国建设银行深圳分行、神州数码共同完成深圳首笔数据资产质押融资，成功将金服云数据产品作为数据资产，并获得建设银行深圳分行授信融资 3000 万元。该案例是数据交易场所、国有银行和企业合作的成功范例，涵盖了数据资源化、数据资产化、数据产品化和数据资本化的全过程，探索了适应中国数字经济发展的数据要素市场化配置示范路径和交易样板。此外，近期在深圳数据交易所成功完成全国首笔气象公共数据产品场内闭环流通交易，还完成了全国首个书画艺术行业数据产品"子曰元创-心悦美术模型"的上市。

三　加强核心技术攻关，保障数字经济安全发展

数字经济发展的"牛鼻子"是数字关键核心技术的自主创新，要发挥我国社会主义制度优势、新型举国体制优势、超大规模市场优势，提高数字技术基础研发能力，打好关键核心技术攻坚战，尽快实现高水平自立自强，把发展数字经济自主权牢牢掌握在自己手中。要进一步加强宽带通信、新型网络、网络智能等领域关键核心技术攻关，提高数字技术基础研发能力，服务支撑数字经济高质量安全发展。

（一）加快打造全国性数字经济算力底座

随着数字经济时代的全面开启，全球算力规模快速增长，算力已成为战略资源和科技竞争的新焦点，算力"底座"支撑赋能作用尤为重要。算力是数字经济时代的新质生产力，也是支撑数字经济持续纵深发展的新动能，正在成为衡量一个国家或地区经济发展质量的重要指标。提升算力水平、做大做强算力产业，成为全球主要国家的战略选择，全球主要国家都在密切关注算力互联和多方探索。算力主要通过算力网等新型基础设施向社会提供服务。算力网是将全国范围的通用计算、智能计算、超级计算等大型异构算力资源与数据资源进行互联互通的数字基础设施。在数字经济时代，算力网是

一项前沿性技术，一旦攻克将成为重要的数字基础设施。[1] 要充分发挥国家战略科技力量优势和"总链长""总平台"作用，牵头推进"中国算力网"建设，推动全国智算中心、超算中心和数据中心互联互通，实现全国算力一体化，服务支撑国家"数字经济"和"东数西算"重大战略。鹏城实验室正在推进"中国算力网"研发与建设，"中国算力网"一期工程"智算网络"已于 2022 年 6 月正式上线，实现了算力与 AI 开源服务向全国用户开放，将被打造成为自主可控的全国数字经济算力底座。

（二）加快保障数字经济发展的网络安全技术攻关

发展数字经济已经成为全球主要大国重塑全球竞争力的共同选择，而网络安全是数字经济发展的前提和根本保障。数字经济的繁荣发展也伴随着挑战与风险。网络安全成为影响国家安全及其他领域发展的重要因素之一，构建安全可信的互联网环境刻不容缓，对未来世界数字经济发展至关重要。要充分发挥国家战略科技力量优势和"总链长""总平台"作用，加快建设以 6G 网络、全国一体化数据中心体系、国家产业互联网等为抓手的高速泛在、空天地一体、云网融合、智能敏捷、绿色低碳、安全可控的智能化综合性数字信息基础设施，打通经济社会发展的信息"大动脉"。重点加强数字经济安全风险预警、防控机制和能力建设，实现核心技术、重要产业、关键设施、战略资源、重大科技、头部企业，特别是新型工业互联网安全可控，实现算力、数据、程序的高效安全防护。

（三）加快保障数字经济发展的宽带通信技术攻关

信息通信业是国民经济中最具成长性的产业，在培育壮大新动能和改造提升传统动能、推动新旧动能转换过程中发挥着不可替代的支撑作用。数字经济时代，信息通信业的快速发展催生出大批新产业、新业态和新模式，推动着传统产业转型升级，促进"互联网+"的迅速普及，在改善民生、转变

---

[1]　高文：《以算力网建设促进产业创新》，《人民日报》2024 年 4 月 12 日。

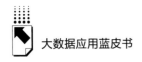

政府职能等方面发挥着日益重要的支撑作用。要充分发挥国家战略科技力量优势和"总链长""总平台"作用，联合通信设备商、运营商、全国重点实验室等战略科技力量，整合科技创新资源，推进 6G 通信、卫星通信和海洋通信等关键核心攻关，构建面向空天地全场景宽带环境科学设施，为我国数字经济发展提供全球领先的宽带通信技术保障。

四 开拓数智应用场景，推动数字经济虚实融合

发展数字经济带来新场景，发展新业态，产生新动能，AI 大模型技术赋能千行百业。在政务服务、智慧交通、金融保险、工业制造、文化创意等行业中引入新的应用场景，可显著提升各领域的生产和服务质量，不断提高社会治理体系和治理能力现代化水平，促进数字经济和实体经济深度融合，赋能经济社会高质量发展。

（一）打造政务服务应用场景

数字经济时代，数字技术和大数据深度融入政务服务，带来新的应用场景，推动政务服务智慧化、高效化、人性化转型。借助大数据和大模型，进一步优化政务服务流程，大幅度提升效率和质量，为群众提供更为便捷、精准的服务体验，打造了数智化服务型政府。

【案例】"鹏城·脑海"通用 AI 大模型具备较好的落地应用支撑能力，在技术架构、训练数据、自主可控性、开源开放性以及算力协同等方面均表现出色，在未来的人工智能领域将发挥重要作用。

鹏城·脑海（PengCheng Mind）大模型是由中国工程院院士高文领衔研发的通用 AI 大模型。2023 年 9 月 21 日，在 2023 华为全联接大会上正式发布。

1. 核心特点

以稠密型架构实现 2000 亿参数，是国内首个完全自主可控、安全可控、

开源开放的自然语言预训练大模型底座。

2. 技术架构与训练

依托"鹏城云脑 II"国产化 AI 算力平台进行全程预训练，采用 MindSpore 昇思国产化深度学习框架，优化了大规模并行训练策略、底层算子性能和容错机制，提升了国产算力平台的训练效率。

3. 训练数据

构建了一套涵盖中文、英文及 50 余个"一带一路"沿线国家及地区语种的多样化语料数据集和数据质量评估工具集。

4. 模型特点

（1）自主可控

作为国内首个完全自主可控的大模型，鹏城·脑海在保障数据安全隐私方面具有重要意义。

（2）开源开放

模型以开源的形式向全社会开放，有助于推动 AI 技术的普及和应用。

（3）算力协同

鹏城实验室正同步研制"中国算力网"一体化算力协同计算调度平台，以深圳为总调度中心，已汇聚全国协同算力达 4E 规模，为鹏城·脑海大模型提供强大的算力支持。

鹏城·脑海大模型的进阶版、专业版等各个阶段的版本，可以满足不同领域的需求，推动国产化 AI 大模型的持续演进，打造基于"中国算力网"的各领域 AI 大模型及应用生态的数字化基座，通过全新的开源群智合作模式，加速 AI 技术的普及和应用。

在赋能智慧工会建设方面。运用脑海大模型技术创新服务模式，将深圳市总工会业务与数字化能力相结合，打造"体系化-标准化-数字化-通用化"的智慧工会平台。积极推进"九位一体"场景应用，包括高效便捷的智慧组建、全时响应的智慧维权、精准普惠的智慧服务、融合一体的智慧宣传、内容丰富的智慧教培、全链系统的智慧建功、全域立体的智慧阵地、一体两翼的智慧帮扶、协同高效的智慧支撑，推动工会服务的数字化转型，极

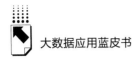

大地提升了工会服务的质量和效率。通过建设工会数据库，开展数字化服务，开发智能客服、智能问答等系统，更好地满足工会会员个性化的服务需求，提升服务体验。

在赋能政府办公平台方面。运用脑海大模型技术优化深圳市政府一体化协同办公平台，为政府办公数字化、信息化升级提供强有力的支持。积极推进在协同办公、公共服务、信息公开、智能决策等场景的落地应用，可有效打破信息孤岛，提高信息利用率，同时提升政企、政民服务满意度，为企业和民众提供更加便捷、高效的电子政务服务。

在赋能民生诉求答复方面。运用脑海大模型技术提升深圳市民生诉求系统答复的准确性和专业性。大模型还对各类诉求、咨询、建议智能生成标签，并进行分类和流转分拨，不仅提高了政府的工作效率和服务水平，也提升了市民的满意度和获得感。

"鹏城·脑海"通用 AI 大模型将集成计算机视觉、自然语言处理、机器学习等多种 AI 技术，在多模态技术研发应用方面不断深化和优化，将更好地赋能千行百业，推动人工智能产业纵深发展。

（二）打造智慧交通领域应用场景

发展数字经济带来智慧交通新变革和许多新的应用场景，进而推动城市交通管理智能化、数字化和高效化。

在实时交通监控与管理方面，智慧交通系统利用物联网技术，在道路上部署传感器和摄像头，实时监测和分析交通流量和道路状况，并收集大量的交通数据，城市交通管理部门可以通过大数据分析和 AI 算法，对交通模式进行深入分析，周期性预测交通流量，进行动态交通分配，避免大规模交通拥堵，不断改善交通状况。

在智能信号灯管理方面，通过集成传感器和 AI 技术，智能信号灯可以根据实时交通状况自动调整信号灯的切换时间，确保车辆和行人的高效通行。这不仅减少了车辆在交叉路口的等待时间，还有效降低了交通事故的发生率。

在车路协同方面。通过车联网，车辆可以获取前方路况、交通信号、突发事件等信息，提前做出反应，避免交通拥堵和事故的发生。此外，车联网还支持自动驾驶技术的发展，提高交通系统的智能化水平。

在自动驾驶与共享出行方面，自动驾驶汽车通过传感器、雷达和 AI 算法，实现自主驾驶，减少人为驾驶的错误和疲劳驾驶带来的安全隐患。共享出行则通过大数据分析，优化车辆调度和路径规划，提高出行效率。

（三）打造金融保险领域应用场景

发展数字经济给金融保险领域带来智能投顾、智能风控、智能保险等新应用场景。通过人工智能、大数据等技术，显著提升金融服务的效率、透明度和安全性，推动了金融行业数字化转型和普惠金融的发展。

在智能投顾方面，通过人工智能和大数据分析，提供个性化投资建议和自动化资产管理服务，降低金融服务的门槛，提升投资效率。利用算法和大数据分析，根据用户财务状况和投资目标，量身定制投资计划。

在智能风控方面，利用大数据和 AI 技术，提升风险评估和管理的精度，有效降低金融机构的风险。通过分析大量的交易数据、社交数据和行为数据，构建用户的风险画像，实时监控和预警潜在风险。AI 算法能够识别复杂的欺诈行为和风险模式，提升风控的及时性和准确性。

在智能保险方面，智能保险通过大数据和 AI 技术，实现了保险产品的个性化定制和自动化理赔，提升保险服务的效率和客户满意度。智能保险平台通过分析用户的健康数据、行为数据和环境数据，提供量身定制的保险产品和动态定价服务。AI 技术在理赔过程中，可以自动审核理赔申请，快速完成理赔支付，减少人工操作处理时间，提高工作效率。

（四）打造工业制造领域应用场景

数字经济在工业制造领域带来许多新的应用场景，推动工业制造向数字化、智能化、高效化的方向发展。不仅让企业提高生产效率、降低生产成本、增强竞争力，也促进制造业转型升级，提高整体效能。

在人工智能赋能制造业方面。数字经济的发展推动人工智能在制造业的

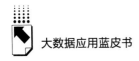

广泛应用，推动智能工厂的发展。通过机器学习、深度学习等技术，可以实现生产设备的智能诊断与预测维护、生产过程的智能优化与控制、产品质量的智能监控与改进等，使工业制造更加智能化、自动化，提高生产效率和产品质量。

在工业互联网方面，工业互联网是数字经济在工业制造领域的一个重要应用方向。通过工业互联网技术，可以实现生产设备、供应链、产品等各个环节的信息共享和协同工作，构建数字化、智能化的生产生态系统，促进生产过程的灵活性和可持续性。

在智能制造工具和平台方面，数字经济的发展催生了许多智能制造工具和平台，包括数字化设计工具、智能制造执行系统、智能供应链管理系统等，可以帮助企业实现数字化生产过程的全面管理和优化。

在数字化设计与仿真方面，数字经济使工业制造过程变得更加数字化和可视化。通过数字化设计工具和仿真技术，可以在计算机上进行产品设计、工艺规划和生产仿真，减少试错成本和时间，提高产品设计及生产的精度和效率。

（五）打造文化创意领域应用场景

数字经济给文化创意领域带来许多新的应用场景，推动文化创意产业向数字化、智能化、全球化的方向发展。其不仅能够拓展文化创意产业的发展空间，也可以丰富文化生活和体验方式，满足人民对美好生活的向往。

在数字创作与传播方面，数字经济时代的数字化技术使音乐、电影、游戏、文学等各种文化内容以数字形式进行创作、生产和传播，大大降低了内容制作的门槛，促进了创意产业的繁荣发展。例如，数字化音乐制作软件、虚拟现实技术、云游戏平台等都为文化创意内容的创作和传播提供了新的可能性。

在数字艺术与虚拟现实方面，数字经济推动数字艺术和虚拟现实技术的发展。艺术家可以利用数字技术创作出更加生动、丰富的数字艺术作品，包括数字绘画、数字雕塑、数字音乐等。虚拟现实技术使用户可以身临其境地体验艺术作品,提升艺术作品的互动性和沉浸感,拓展艺术创作和展示的新空间。

在数字文化遗产保护与传承方面,数字经济为文化遗产保护和传承提供新的途径和手段。通过数字化技术,可以对文化遗产进行数字化记录和保护,包括文物、历史建筑、传统技艺等。数字化平台和应用可以为文化遗产的传播和教育提供便利,有利于文化遗产传承工作的开展。

在数字化创意产业平台方面,数字经济催生许多数字化创意产业平台,包括数字出版平台、在线教育平台、文化创意交易平台等,为文化创意从业者提供创作、展示、交易、教育等一体化的服务,促进文化创意产业的蓬勃发展。

在文化旅游与数字化体验方面,数字经济推动文化旅游的数字化与智能化。通过移动应用、虚拟导览、数字人、元分身技术等,游客能够更加生动便捷地了解文化景点、历史故事、艺术作品等,提升旅游体验感和吸引力。

五 加强数智共治共赢,描绘数字经济崭新蓝图

当今,数字经济发展的未来前景因技术创新的推动而加速展现,各行各业正在踏上加速数字化转型的征程,而数据治理和隐私保护体系也日臻完善,智慧城市与智慧乡村建设不断推进,居民生活质量得到实质性提升。跨境合作与开放共赢的新局面也将为我国数字经济注入更多活力。这一切构筑了一个充满希望和机遇的未来图景。

(一)加快数字经济发展,推动发展新质生产力

发展数字经济与发展新质生产力相互依存,相互促进。新质生产力,即以创新为主导,摒弃传统经济增长模式和生产路径,展现出高科技、高效能、高质量的特质,是符合新发展理念的先进生产力形态。数字经济是通过互联网、大数据、人工智能等技术手段进行生产、交换和消费的新型经济形

态，具有高度信息化、高度智能化、高效便捷等特征，与新质生产力核心特征高度契合。科技创新是推动新产业、新模式和新动能的关键力量，对于发展先进生产力起着核心作用，原创性和颠覆性的科技创新成果不断涌现，为发展新质生产力注入新的动力。在技术创新的推动下，中国数字经济迎来了蓬勃发展的新时代。人工智能、大数据、云计算等前沿技术的不断演进，为各行各业注入了新的活力与创造力。AI 技术将更加普及和成熟，将推动智能化应用的发展，例如智能客服、智能制造、智能物流等，从而提升企业效率和用户体验。这些技术的广泛应用加速了数字化转型的步伐，进一步加快数字经济和新质生产力发展。

（二）加速数字化转型，激活核心发展潜力

在数字经济时代，各行各业都踏上加速数字化转型的征程。智能制造、智能物流、数字化金融服务等领域的创新应用不断涌现。以新兴技术赋能传统产业，推动数字技术向实体经济研发、生产、销售、流通环节渗透融合，提高全要素生产率，尤其是实施制造业数字化转型行动，推动产业链、供应链现代化，增强制造业核心竞争力，培育壮大先进制造业，推进服务业数字化，建设智慧城市、数字乡村。在制造业领域，工业互联网将促进智能制造的发展，包括数字化工厂、智能物流、智能供应链管理等。在金融领域，金融科技的发展将推动支付、结算、投资等业务的数字化转型和创新。教育、医疗、文化等领域也将迎来数字化转型的浪潮，例如远程教育、智能医疗、数字文化创意产业等。引导企业加快应用新技术，推进数字化、网络化和智能化升级，构建以实体企业为主体、覆盖全产业链的新兴产业组织平台，全力破解企业数字化转型难题，提升企业数智化水平。

（三）加强数据治理，增强隐私安全保护

随着数字经济的快速发展，数据治理和隐私保护成为关注焦点。党的二十届三中全会提出，加快建立数据产权归属认定、市场交易、权益分配、利

益保护制度，提升数据安全治理监管能力，建立高效便利安全的数据跨境流动机制。政府进一步加强数据安全法规和政策制定，不断完善数据安全法律法规，建立起数据采集、存储、传输和处理的规范体系。同时，隐私保护技术和隐私保护意识也将得到加强，建立起健全的数据安全管理体系，例如数据加密、隐私计算等技术的应用，确保数据的安全性和隐私性。这为数据的合理利用和安全传输提供了坚实保障，为数字经济的可持续发展奠定了基础。中国还将加强跨部门协作，推动数据共享和开放，促进数据的合理流动和利用，实现数据的价值最大化。

（四）加快城乡智慧化，提升全社会幸福感

城乡融合发展是中国式现代化的必然要求。在数字经济时代，智慧城市和智慧乡村建设将进一步推进和完善。未来，智慧城市将通过整合物联网、人工智能、大数据等先进技术，实现城市管理的智能化和高效化。智慧城市还将通过智能医疗、智能教育、智能能源、智能交通管理等应用，提升公共服务质量和居民生活质量。智慧乡村建设也将同步推进，通过数字技术的应用，促进农业生产的智能化和农村生活的便利化。智能农业系统将实现精准农业，提高农作物产量和质量；自媒体等数字产业蓬勃兴起，充分调动乡村生态资源，推动消费者与自然环境实现由消耗供给转向互相依存的绿色发展关系；智能基础设施建设将改善农村交通、水电、通信等条件，提升农村生活水平；以数字技术推动形成文化与科技相结合的新型文化业态，更好地满足人们生存型、发展型和享受型等多类型多层次的消费需求。智慧乡村建设将缩小城乡差距，推动城乡融合发展，实现乡村振兴。智慧城市和智慧乡村的建设将不断推进和完善，带来更加高效、绿色、宜居的生活环境，提升全社会的幸福感和获得感。

（五）扩大跨境开放合作，共建世界经济繁荣

开放是中国式现代化的鲜明标识，构建开放型经济新格局要积极参与全球数字经济治理和规则制定，探索加入区域性国际数据跨境流动制度安排，

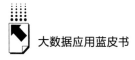

推动数字经济全球化发展。还将加强与其他国家和地区的数字经济合作，推动共建"一带一路"国家加快发展数字贸易、跨境电子商务、云计算、人工智能等新技术新业态。通过跨境合作与开放共赢，我国数字经济将融入全球数字经济体系，实现互利共赢，推动世界经济的繁荣与发展，向全球输出数字经济的"中国模式"和"中国方案"。

数字经济是未来经济发展的战略方向，是因地制宜发展新质生产力和推动经济社会高质量发展的新引擎。要深入贯彻落实党的二十届三中全会精神，全面深化改革创新，健全促进实体经济和数字经济深度融合制度，完善促进数字经济发展体制机制，加快建设世界领先的数字经济强国，为推进中国式现代化提供强有力的支撑。

Abstract

2024 marks a critical juncture for both technological applications and policy development. In 2014, big data was first included in China's government work report, and starting from January 1, 2024, the "Provisional Regulations on the Accounting Treatment of Enterprise Data Resources" will take effect, allowing data assets to officially appear on balance sheets. The period from 2014 to 2024 represents a decade of rapid growth for China's big data industry, during which data has evolved from a resource to an asset. Users have shifted their focus from the advancement of data technology to the implementation of data applications in real-world scenarios. The 2024 government work report of China proposes to "accelerate the development of new productive forces", and the Third Plenary Session of the 20th CPC emphasizes "cultivating a unified national market for technology and data" and "accelerating the establishment of systems that promote the digital economy".

In alignment with this, CES 2024 in the U. S. features AI in almost every company and exhibition hall, while the "2024 China International Big Data Industry Expo" hosted by the newly formed National Data Administration in August showcases industry achievements in AI large-model applications. Notably, with the development of the big data industry, AI is gradually shifting from a code-centric approach to a data-centric one, evolving into systemic intelligence rather than merely functional intelligence.

Against this backdrop, the "Blue Book of Big Data Applications" first published in 2017 stands out for its forward-looking insights.

This Blue Book, jointly organized and compiled by the Big Data Committee of China Management Science Society and Shanghai Neo Cloud Data Technology

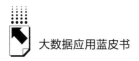

Co., Ltd., was China's first report dedicated to the study of big data applications. Its aim is to describe the current state of big data application in various industries and typical scenarios under new technological and policy frameworks, analyze existing challenges and constraints, and predict future trends based on the real-world application of big data. The *Annual Report on Development of Big Data Application in China No. 8（2024）* is divided into three parts: general report, hot topics, cases, analysis. This edition closely follows the development of digital economy-driven new productive forces and tracks the latest trends in the application of big data across industries like industrial manufacturing, healthcare, and public resource transactions. This report highlights several hot cases, such as "Big Data Empowering High-quality Development of the Low-altitude Economy", "The 'Zhiliao' Industrial Product Model Empowers the Optimization and Upgrading of the Supply Chain and Industrial Chain", "Industrial Internet Platform Empowering Digital Transformation of the Manufacturing Industry" and "Meituan Waimai's Exploration and Practice in Privacy Computing".

The Blue Book of Big Data Applications（2024 Edition）concludes that digital technology, as a new general-purpose technology, is reshaping industry ecosystems and has already demonstrated its strong driving force for the development of new productive forces. Data, as a new production factor in the digital economy era, is characterized by high fluidity, low replication costs, and increasing returns, making it a critical component of new productive forces. The integration of data in industries and industrial chains, as well as its monetization, has become a focal point for most users. Each sector is seeking applicable scenarios for large AI models.

As the digital economy serves as both a key driver and manifestation of new productive forces, its development injects fresh momentum and vitality into theeconomy. Meanwhile, the growth of new productive forces further promotes the deepening and upgrading of the digital economy, both complementing and reinforcing each other, collectively pushing forward high-quality economic and social development.

The report suggests that to fully seize the opportunities and meet the challenges brought by the digital economy, it is essential to accelerate the development of the data element market, cultivate a new workforce for the digital economy, enhance digital technology innovation and application, and leverage the highly innovative, pervasive, and far-reaching nature of the digital economy to continuously expand the integration of the real and digital economies, thereby modernizing the industrial system.

Keywords: New-Quality Productivity; Digital Economy; Big Data; AI Application

Contents

I General Report

Abstract: As a significant manifestation and driving force of new-quality productivity, the digital economy injects new momentum and vitality into the development of new-quality productivity, which in turn further promotes the deepening and upgrading of the digital economy. Together, they complement each other, jointly advancing high-quality economic and social development. Currently, China's digital economy is flourishing, with notable achievements in both digital industrialization and industrial digitization. As a new economic form, the digital economy optimizes the three primary elements of productivity (labor, tools of labor, and objects of labor) and is becoming an essential engine driving the development of new-quality productivity. Facing the opportunities and challenges brought by the digital economy, it is essential to accelerate the establishment of a data element market, cultivate a workforce of new digital economy professionals, strengthen digital technology innovation and application, and fully leverage the highly innovative, permeable, and expansive characteristics of the digital economy. This will continuously expand the depth and breadth of the integration between the real and digital economies, enhancing the modernization of the industrial system.

II   Hot Topics

Abstract: Regarding the opportunities and challenges of big data in developing the low-altitude economy, this article first analyzes the current difficulties faced by the coordinated development of China's low-altitude economy and big data, including multi-source data integration, efficient data transmission, high computing power requirements, and information security and privacy protection. It then introduces technical approaches in the context of big data, such as the development of intelligent low-altitude drones, low-altitude airspace management, expansion of low-altitude economic application scenarios, and data security assurance. Finally, from the perspectives of policy guidance, cutting-edge technology, and industry-academia-research collaboration, it proposes using big data technology as a key driving force to promote the construction, management, and application of the low-altitude economy, while strengthening its security measures, thereby achieving high-quality development in the low-altitude economy.

Keywords: Big Data; Low-altitude Economy; Unmanned Aerial Vehicle (UAV); Airspace Management; Information Security

Abstract: This paper thoroughly explores the application and practice of large

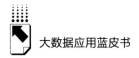

model technology in vertical corpus data governance in the digital era. By integrating theory and practice, the study highlights the crucial role that large model technology plays in enhancing vertical corpus data governance. Theoretically, it analyzes the necessity of applying large model technology to data governance. While ensuring the quality of data governance, large model technology can significantly improve the efficiency of data cleaning, data annotation, data security, and quality assessment. Practically, through case studies of legal vertical corpus governance, the paper demonstrates the effectiveness of large models in automating and optimizing data governance processes. In the data cleaning phase, the powerful language understanding and processing capabilities of large models are used to automatically and accurately extract and structure metadata from laws, regulations, and judicial cases. The combination of multimodal large models and prompt templates is employed to align multimodal data in judicial cases. In the data annotation phase, a method combining small model pre-screening with large models is used to achieve efficient and accurate legal labeling and significantly improve the efficiency of question-answer pair annotation. In the data security and quality assessment phase, a corpus data security and quality assessment system is constructed based on the analytical capabilities of large models. The results indicate that large model technology is a key tool for advancing vertical corpus data governance, providing practical guidance for further promoting the application of large models in data governance, and contributing significantly to the development of a more intelligent, efficient, and secure data governance system.

Keywords: Data Governance; Vertical Corpus; Large Model Technology; Data Security

B.4 Electric Vehicle Detection System in Elevators Based on
“AI + Edge Computing” *Wang Zhong* / 050

Abstract: With the rapid urbanization process, electric vehicles play an increasingly important role in urban travel. However, charging electric vehicles inside residential units via elevators poses significant safety hazards, easily leading to explosions and causing fires. Therefore, the safety and efficiency of detecting electric vehicles in elevator have drawn much attention. This article proposes a real-time electric vehicle detection system based on "AI + edge computing" to address the safety hazards posed by electric vehicles in elevators. Using an improved YOLOv8 deep learning model and domestic edge computing device RKNN3588s, this system achieves high-efficiency and accurate detection of electric vehicles in elevators. Experimental results on a self-built dataset show that the model's accuracy rate reaches 96.5%, the recall rate is 86.3%, and the mean Average Precision (mAP@0.5) is 86.5%. This system not only enhances the safety monitoring level in elevators and reduces manual monitoring costs, but also provides a reliable technical solution for property management and elevator manufacturing companies, with broad application prospects.

Keywords: Electric Vehicle Detection; Artificial Intelligence; Edge Computing; Deep Learning

B.5 Meituan Waimai's Exploration and Practice in Privacy Computing

Huang Kun, Yu Yang and Zhang Bo / 072

Abstract: Data security and privacy protection have become widely focused issues globally. Ensuring personal information security and processing compliance is not only a fundamental requirement for legal compliance but also a cornerstone for the success of a company's future digital business. The industry and academia widely recognize privacy computing as a feasible solution to balance data privacy protection and application development. This article summarizes the technical schools of privacy computing and their respective characteristics. Through a series of explorations under the current regulatory constraints combined with Meituan Waimai's business scenarios, a privacy computing capability matrix featuring "weak

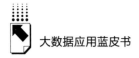

personalization" for ToC and "cross-domain federated modeling" for ToB has been gradually formed. This matrix provides a reference solution paradigm for the industry in privacy protection technology, forming a technical solution centered on differential privacy technology to control and quantify the extent of personal information usage in daily data processing. It explores an intermediate state between non-personalization and strong personalization, namely anonymous group modeling, which protects user privacy while meeting business development needs. It builds a secure data circulation base across domains/institutions, forming a federated learning technical solution.

Keywords: Privacy Protection; Differential Privacy; Federated Learning; Group Modeling

B.6 Trustworthy Execution Environment to Ensure Data Security

Tian Baotong, Wang Lidong, Ye Yongqiang and Fan Yin / 097

Abstract: Trusted execution environment has gradually become the technical cornerstone for ensuring data security. This technology embeds a trust root in the processor and builds a trust chain, providing a reliable environment for code and data execution. After years of development, this technology has matured and is widely used in mobile terminals and other applications. With the competition for technological high ground among countries and the rapid advancement of data element processes, its importance has become prominent. The development of a trusted execution environment lies in the stable and sustainable development of the technological ecosystem. Open source technology standardizes vendor behavior, builds trust relationships, reduces technological complexity, and promotes ecological cooperation. Mainstream domestic processor manufacturers have been laying out, providing new technological paths and choices for the development of China's digital economy and the improvement of data security. The application scenario of the trusted execution environment is broad. In addition to mobile terminals, the technology has important value in the fields of Internet of Vehicles, edge computing, big data, large model, quantum encryption communication, etc.

Keywords: Trusted Execution Environment; Confidential Computing; Privacy-preserving Computing; Trusted Execution Environment (TEE)

Ⅲ Cases

B.7 The Application of Big Data in the Value of Data Elements in Public Resource Trading

Hu Rong, Yang Xiaokai and Fang Jian / 117

Abstract: Public resource transaction data refers to information recorded in electronic or non-electronic forms generated during public resource transaction activities. Public resource transaction data is characterized by its broad range, large quantity, and strong timeliness. Due to the low participation of market entities, unclear data ownership and benefit distribution mechanisms, and unclear data security risk baselines, the quality of public resource transaction data is low, and its value is underutilized. To promote the development and utilization of public resource transaction data, Wuhu City Big Data Company actively establishes a smart platform, using a data asset management platform to promote the aggregation and integration of public resource transaction data, improve data quality, and enhance the level of data assetization. By leveraging a data asset operation platform, it introduces market entities to participate in the reuse of public resource transaction data. It integrates computing power service platforms and introduces large models to provide a secure and trustworthy environment for data reuse, improving the efficiency of data development and utilization. Based on this, the following measures are taken to fully unleash the value of public resource transaction data elements: establishing a data-computation integration platform to provide full-process assurance for data valorization; introducing large models to assist in the development and security management of data products and services; implementing data classification and grading to balance the utilization and security of public resource transaction data;

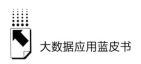
and introducing public data authorized operations to innovate data reuse mechanisms.

Keywords：Transaction Data of Public Resource；Data Valorization；Data-computing Integration；Wuhu；Public Data Authorization and Operation

B.8　Construction of a Full Lifecycle Monitoring System For Two Cancer Screening Based on Artificial Intelligence

Mao Jian，*Cao Qingrong*，*Zhang Anhui*，

Liu Kai and Huang Chaohui ∕ 134

Abstract：Cervical cancer is the fourth most common cancer in women and the leading malignant tumor of the female reproductive tract. It is proven that cervical cancer is preventable, and over 90% of patients can be cured if detected early. However, for a long time, the quality and efficiency of cervical cancer screening in China have been hindered by the shortage of pathologists, uneven distribution of medical resources, and insufficient medical investment. This article analyzes the current state of cervical cancer screening in China, systematically summarizes the problems and shortcomings in screening work, and addresses issues such as weak generalization ability, poor explainability, and strong domain bias in existing computational pathology research and auxiliary diagnosis models. It rethinks and formulates research paths in this field, proposing a new concept of a big data knowledge graph for cervical cancer cytopathology diagnosis. It builds an AI-based cervical cancer screening lifecycle supervision platform, providing content including screening business management, quality control, visualized supervision, AI-assisted diagnosis, and laboratory management, ultimately proposing a comprehensive solution for the two-cancers screening service. Taking Wuhu City in Anhui Province as an example, it briefly introduces the application results of the entire system.

Keywords：Cervical Cancer；Whole-process Supervision；Artificial Intelligence；Two Cancer Screening；Auxiliary Diagnosis and Treatment

B. 9 'Zhiliao' Large Mode of Industrial Products

Empowers the Optimization and Upgrading of the

Supply Chain and Industrial Chain   *Lu Xiaokai* / 154

Abstract: In the digital economy era, the industrial product supply chain and industry chain face challenges and opportunities for digital transformation and upgrading. The rapid development of big data, cloud computing, IoT, and AI provides new tools and solutions for supply chain optimization and upgrading. This article introduces the YouZhiCai- "Zhiliao" large model of industrial products, describing its "1+N" model architecture, which ensures the comprehensiveness and professionalism of applications and highlights the integration advantages of multiple small models handling specific tasks. It solves pain points in various aspects of the supply chain, enhances the digital management capability of industrial product supply chain procurement, and promotes efficient, safe, and controllable supply chain collaboration. The article discusses specific applications and showcases the effects in scenarios such as intelligent material standardization, centralized procurement and sales, intelligent supply-demand docking, intelligent product selection, industrial product knowledge brain, and intelligent warehousing, providing new paths and methods for supply chain optimization and upgrading. It offers valuable guidance for industrial product enterprises on leveraging large models to empower their transformation.

Keywords: "Zhiliao" Large Model of Industrial Products; Industrial Supply Chain; Digital Transformation; Standardization of Materials

B. 10 Industrial Internet Platform Empowering Digital

Transformation of the Manufacturing Industry

—*Take a Leading Glass Group as Example*   *Tang Li* / 175

Abstract: This article explores the importance of the industrial Internet

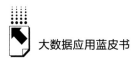
platform in the manufacturing industry, with a particular focus on its application in the glass industry. It overviews the definition, development history, and value of the industrial Internet platform in the manufacturing industry, including improving production efficiency, reducing operational costs, and promoting innovation and upgrading. It provides a detailed introduction to the functions and technical architecture of the industrial Internet platform and its application cases in the manufacturing industry. Through a case analysis of process optimization in a leading glass group, it demonstrates how the platform aids in process optimization and brings significant results. The article discusses the impact and prospects of the industrial Internet platform on the manufacturing industry and forecasts technological innovation directions and market expansion potential. This study provides useful references and guidance for the application of the industrial Internet platform in the manufacturing industry.

Keywords: Industrial Internet Platform; Manufacturing Industry; Digital Transformation; Process Optimization

Ⅳ　Analysis

B.11　On the Elements and Methods of Data Scenario

　　　　Development

Wu Dayou, *Chen Yahan* / 189

Abstract: With the successive introduction of multiple policies on data elements and digital economy by the country, the application and circulation of data elements have become an important issue at the national level. In this context, data scenario development-the process of designing and implementing scenario applications with market value and sustainable development potential based on existing data resources-has become a key path to promote the realization of data element value. This paper provides an in-depth analysis of the background and importance of data scenario development, identifying four core elements: functional positioning, market demand, competitive advantage, and sustainability. It introduces four corresponding methods—the NOVA value-added model, data spectrum, digital behavioral economics, and data strategy—aimed at offering systematic theoretical guidance and practical direction for data scenario development, thereby promoting the effective realization of data element value.

Keywords: Data Scenario Development; Data Elements; Data Value Release

B. 12   Exploration and Reflection on the
Development of the Digital Economy

Li Diren / 210

Abstract: The digital economy is an important engine for driving the development of new productivity and economic growth, and it has become an important strategic development direction for China. The digital economy not only promotes the transformation and upgrading of traditional industries, accelerates the rise of emerging industries, and changes production and lifestyle but also becomes a key force in restructuring global factor resources, reshaping the global economic structure, and reconstructing the global competitive landscape. This article explores and reflects on the development of the digital economy from five dimensions: grasping digital economy development trends, unleashing the value of data elements, accelerating breakthroughs in core technologies, expanding intelligent application scenarios, and strengthening intelligent governance and co-win strategies. It explains the roles of promoting healthy and safe development of the digital economy, especially emphasizing that data has become a key production element driving social and economic development. The article outlines important measures for promoting the healthy development of the digital economy, including promoting data resourceization, uncovering the intrinsic value of data; promoting data assetization, showcasing the commercial value of data; promoting data productization, presenting the use value of data; and promoting data capitalization, realizing value appreciation of data. The article also selects cases

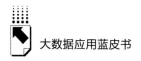

from the Guangdong-Hong Kong-Macao Greater Bay Area in data assetization and the application of the "Pengcheng · Brain" AI large model, providing positive references for promoting the high-quality development of the digital economy.

Keywords: Digital Economy; New Quality Productivity; Data Elements; Data Assetization; AI Large Model

社会科学文献出版社

皮 书

智库成果出版与传播平台

❖ 皮书定义 ❖

皮书是对中国与世界发展状况和热点问题进行年度监测，以专业的角度、专家的视野和实证研究方法，针对某一领域或区域现状与发展态势展开分析和预测，具备前沿性、原创性、实证性、连续性、时效性等特点的公开出版物，由一系列权威研究报告组成。

❖ 皮书作者 ❖

皮书系列报告作者以国内外一流研究机构、知名高校等重点智库的研究人员为主，多为相关领域一流专家学者，他们的观点代表了当下学界对中国与世界的现实和未来最高水平的解读与分析。

❖ 皮书荣誉 ❖

皮书作为中国社会科学院基础理论研究与应用对策研究融合发展的代表性成果，不仅是哲学社会科学工作者服务中国特色社会主义现代化建设的重要成果，更是助力中国特色新型智库建设、构建中国特色哲学社会科学"三大体系"的重要平台。皮书系列先后被列入"十二五""十三五""十四五"时期国家重点出版物出版专项规划项目；自2013年起，重点皮书被列入中国社会科学院国家哲学社会科学创新工程项目。

权威报告·连续出版·独家资源

皮书数据库
ANNUAL REPORT(YEARBOOK)
DATABASE

分析解读当下中国发展变迁的高端智库平台

所获荣誉

● 2022年，入选技术赋能"新闻+"推荐案例

● 2020年，入选全国新闻出版深度融合发展创新案例

● 2019年，入选国家新闻出版署数字出版精品遴选推荐计划

● 2016年，入选"十三五"国家重点电子出版物出版规划骨干工程

● 2013年，荣获"中国出版政府奖·网络出版物奖"提名奖

皮书数据库

"社科数托邦"
微信公众号

成为用户

登录网址www.pishu.com.cn访问皮书数据库网站或下载皮书数据库APP，通过手机号码验证或邮箱验证即可成为皮书数据库用户。

用户福利

● 已注册用户购书后可免费获赠100元皮书数据库充值卡。刮开充值卡涂层获取充值密码，登录并进入"会员中心"—"在线充值"—"充值卡充值"，充值成功即可购买和查看数据库内容。

● 用户福利最终解释权归社会科学文献出版社所有。

数据库服务热线：010-59367265
数据库服务QQ：2475522410
数据库服务邮箱：database@ssap.cn
图书销售热线：010-59367070/7028
图书服务QQ：1265056568
图书服务邮箱：duzhe@ssap.cn

社会科学文献出版社 皮书系列
SOCIAL SCIENCES ACADEMIC PRESS (CHINA)
卡号：713896493174
密码：